Die Schleswig-Holsteinische Landwirthschaft,

beschrieben

von

Alexander von Lengerke,
praktischem Landwirthe und Mitgliede mehrerer gelehrten Gesellschaften.

Erstes Bändchen.

Berlin, 1826.
Gedruckt und verlegt
bei G. Reimer.

Vorrede.

Die Schleswig-Holsteinische Landwirthschaft in ihrer Eigenthümlichkeit darzustellen, ist ohnstreitig keine der leichtesten Aufgaben, da es noch immer an tauglichen Vorarbeiten, welche einer solchen Beschreibung zum Grunde gelegt werden dürften, sehr mangelt, und der Darsteller sich fast gänzlich auf seine praktische Einsicht von dem zu behandelnden Gegenstande verlassen muß; denn außer den „Beiträgen zur Kenntniß der schleswig-holsteinischen Landwirthschaft," von Iversen, worin Alles nur sehr fragmentarisch und oberflächlich abgehandelt worden, — der „Beschreibung unserer Milchwirthschaft," von dem rastlosen und scharfsinnigen Professor Riemann in Kiel, und einigen ältern, dermalen unzulänglichen Schriften über die hiesige Wirthschaftsart, hat die ökonomische Litteratur wenig oder gar nichts in dieser Hinsicht aufzuweisen.

Wenn ich es demohngeachtet, unter so mäßigen Auspicien gegen die Kritik, wage, mit diesem Werke hervorzutreten, so geschiehet solches keinesweges in dem Wahne: daß nicht mancher meiner Landsleute etwas viel Gediegeneres geliefert haben würde; sondern es verdanken die nachfolgenden Blätter ihre Entstehung lediglich meiner, in der That sehr regen, Lust und Liebe zur Sache. — Höchstwahrscheinlich würde ich auch dieselben noch länger im Pulte gelassen und erwartet haben, ob nicht ein mehr Berufener mir zuvorgekommen wäre, wenn nicht verschiedene achtbare Männer, deren Urtheil ich sehr hoch schätze, und welche einige von Zeit zu Zeit in der Landwirthschaftlichen Zeitung (Halle bei Hemmerde und Schwetschke) abgedruckte Bruchstücke meiner Darstellung beifällig aufgenommen, mich zur Bekanntmachung des Ganzen wiederholt aufgefordert hätten.

Die von mir gegebenen statistischen Nachrichten sind zum größten Theile aus dem 1sten Bande des

Handbuchs der Schleswig-Holsteinischen Landeskunde vom Professor Niemann entlehnt. Eben so habe ich auch einige Notizen aus dessen Holsteinischen Milchwirthschaft (Altona 1823), welche ich für den Leser von Interesse glaubte, aufgenommen.

Daß ich bei Einem Gegenstande länger, als bei dem andern verweilte, findet seine Entschuldigung von selbst in der größern oder mindern lokalen Wichtigkeit unsrer verschiedenen Wirthschaftsbranchen. Und wenn ich an einigen Stellen genugsam Bekanntes erwähnte, und man mir vorwerfen möchte, daß ich zu weitschweifig geworden: so erwäge man gütigst, daß die Ausführlichkeit oft, um etwas einigermaßen Vollständiges zu liefern, nicht wohl umgangen werden konnte.

Das zweite Bändchen wird bald nachfolgen, und vornämlich von der Feldeintheilung, vom Getreide- und Wiesenbau, von der Torfgräberei und Fischerei handeln. —

Ueber den Nutzen meiner Arbeit, an und für sich, scheint mir der Herr Staatsrath Thaer am besten entschieden zu haben, nämlich da, wo er sagt: „Die Kunst und der Betrieb der Landwirth-„schaften wird vorerst weniger durch eigent-

„lich neue Erfindungen und Versuche ver-
„vollkommnet werden, als durch eine voll-
„ständige Kenntniß alles dessen, was be-
„reits in gewissen Gegenden geschehen,
„beobachtet und bewährt gefunden ist.“

Herzogthum Schleswig, 1825.

Der Verfasser.

Inhalt.

Erster Abschnitt.

Geographische und örtliche Beschaffenheit der Herzogthümer.

Zweiter Abschnitt.

Dritter Abschnitt.

Vierter Abschnitt.

Seite

Fünfter Abschnitt.

Sechster Abschnitt.

Seite

Siebenter Abschnitt.

Achter Abschnitt.

Neunter Abschnitt.

Zehnter Abschnitt.

Erster Abschnitt.

Geographische und örtliche Beschaffenheit der Herzogthümer Schleswig und Holstein.

Die Herzogthümer Schleswig und Holstein, welche sich vom 54 bis 55 Gr. 24 Min. nördlicher Breite, und vom 26 Gr. 15 Min. bis 29 Gr. östlicher Länge erstrecken, machen mit Jütland eine, sich zwischen den beiden Meeren der Ost- und Westsee 60 deutsche Meilen gegen Norden ausdehnende Halbinsel aus. Sie werden gegen Osten von der Ostsee, und gegen Südost von dem Herzogthum Mecklenburg und von dem Lauenburgischen Gebiete begrenzt, im Westen bespühlt sie die Westsee, im Süden der Elbstrom und Billefluß, im Norden die Schottburger Aue, und der, Jütland von Schleswig scheidende, Koldinger Meerbusen. Beide Herzogthümer sind durch den dänischen und deutschen Grenzfluß, die Eider, und den, die Communication zwischen den Bewohnern der Ost- und Westküste mit Hamburg und Altona, so wie den innern Verkehr so sehr befördernden Canal getrennt, und haben einen Flächeninhalt von ungefähr 310 Quadratmeilen.

Die Oberfläche der Herzogthümer ist eine, sich über die östliche und westliche Meeresfläche im Ganzen wenig erhebende, nur gegen die östliche Hälfte zu sanft aufsteigende Ebene. Eine Ausnahme von dieser Beschaffenheit des Profils macht nur ein Bergrücken, welcher schon im nördlichsten Theile Jütlands seinen Anfang nimmt, weiter südlich das Herzogthum Schleswig in zwei ungleiche Hälften theilt, sodann sich mit seinem Hauptstamme, von der Schlei durchschnitten, durch das Amt Hütten gegen die Holsteinische Grenze erstreckt, vor Erreichung derselben aber noch einen Sprossen — den dänischen Wohld — östlich gegen den Kieler Hafen ausschießt. Dieser Landrücken hat ungemeinen Einfluß auf den Lauf der Flüsse, und indem er mit seiner größten Höhe längs dem östlichen Ufer mehr steil als flach fortläuft, seine westliche Abdachung dahingegen sich sehr allmählig gegen die Westsee hin absenkt, sieht man auch von der Ostküste gar keine Flüsse von Bedeutung sich ergießen, sondern die, in zahllose Mündungen zerspaltete, Westküste alle Wasser des Landes ausströmen.

Holstein ist, im Ganzen genommen, außer daß es eine größere Breite von Osten nach Westen hat, und sich unmittelbar an das feste Land anschließt, dem Herzogthum Schleswig, hinsichtlich seiner physischen Beschaffenheit, ziemlich gleich. Der erwähnte Landrücken, welchen wir an der Grenze verlassen haben, bekömmt späterhin eine beträchtliche Ausdehnung und überdeckt die ganze Provinz nach Osten, Süden und Westen in drei, durch keine sehr merkbare Vertiefungen von einander abgesonderten, Aesten, als eine wellenförmige Bergebene.

Die Seeufer des Landes bestehen aus Sand. Da sie flach ablaufen, können ihre Küsten zum größten Theile nur in einer gewissen Entfernung vom Lande befahren werden. Im Allgemeinen scheint sich von dem östlichen Ufer, seit Bildung der Geest, nur sehr Weniges abgespühlt zu haben. Dahingegen ist die Westküste, seit grauen Zeiten, stets mannichfaltigen Umwandlungen unterworfen gewesen. Im 10ten Jahrhundert schon begannen, nach Dankwerth, die betriebsamen Friesen die Schleswigschen Marschlande einzudeichen; indeß waren diese Deiche noch von einer zu mangelhaften Beschaffenheit, als daß nicht das Land eine nur sehr precaire Existenz gehabt hätte, und früher oder später die Beute wiederkehrender Fluthen werden mußte. Dennoch riß erst im Jahre 1354 ein fürchterlicher Orkan das neugebildete Land, worauf schon dreißig Kirchen erbaut waren, weg. Diesem Sturme folgten im Laufe der Zeit mehrere größere und kleinere Ueberschwemmungen, bis endlich im Jahre 1634 eine große Fluth den Rest des ehemaligen Nordfrieslands nebst der Insel Nordstrand verschlang. Auch im Holsteinischen standen die Marschlande noch geraume Jahre den Winter über — zu welcher Jahrszeit Menschen und Vieh sich auf aufgeworfenen Hügeln oder in, am Rande der Geest erbaute, Wohnungen zurückzogen — unter Wasser, bevor man an eine so solide Erbauung von Deichen ging, daß sich dadurch Sicherheit für künftige Unfälle hoffen ließ.

So große Fortschritte nun aber auch seither in der Deichbaukunst gemacht sind, so erschöpft doch noch an einigen Stellen diese ihre Hülfsmittel vergeblicher Weise. Im stürmischen Wellenkampfe wird unaufhörlich vernichtet und erschaffen, weggewaschen und angeschlammt, und solchergestalt die Deicharbeit nicht allein stets im eifrigsten Gange erhalten, sondern auch dem Lande immer wechselnde Gestalten angeeignet.

Die Sandbanken, an deren Rande die mit mancherlei Erdtheilen schwangeren Fluthen der Westsee einen klebrigten fruchtbaren Schleim ansetzen, und ihre Oberfläche nach und nach überschlieken, und gegen das Ufer der Geest merklich erhöhen, — werden, wenn sie eingedeicht werden, Kooge genannt. Den Unternehmern von Eindeichungen wurden voreinst gewisse Privilegien, Octroyen genannt, zugestanden.

Unser Klima ist im Grunde, wenn wir die Lage der Herzogthümer gehörig in Betracht ziehen, ziemlich gemäßiget zu nennen. Starke Winter haben wir eigentlich selten; zum größten Theile bringt diese Jahrszeit, gleich wie auch der Herbst, viel Nebel. Im März und Aprilmond weht es meist heftig aus Ost; und giebt es bei diesem Winde Regen, so ist derselbe in der Regel kalter Natur und hält länger an, als die Regen beim West-Winde, welche jedoch, im Ganzen genommen, wohl die größte Masse Wasser bringen. Gewitter und Hagelschäden fallen hier seltener als in den südlicher gelegenen Ländern vor. Springt der Wind, nach einem Gewitter, zum Westen über, und kehrt dann wieder nach Osten zurück, so giebt es gewöhnlich der Gewitter noch mehrere. Während eines großen Theils des Jahres wehet er hier in der Regel stark, so wie unsere Saatfelder denn auch noch spät ins Jahr hinein nicht selten von Nachtfrösten heimgesucht werden. Es ist gar nichts Auffallendes, wenn der Buchweizen im Junimond noch erfriert. — Fast immer, besonders aber in der letzteren Zeit, haben wir bis Johannis mit Dürre zu kämpfen gehabt; der Nachsommer bringt dagegen meist des Regens nur zu viel. Unsere Ernte tritt gewöhnlich ziemlich spät, oft erst Ende des Augustmonats, ein. Diesem späten Reifwerden der Feldfrüchte ist es beizumessen, daß hier der Anbau von Braachfrüchten nicht ämsiger betrieben wird. Man kann diese leider nicht früh genug einbergen, um das Land zur gehörigen Zeit für die Wintersaat bereit zu haben, von deren zeitigem Einkommen doch, wie Erfahrung lehrt, so sehr ihr künftiges Gedeihen abhängt, denn nur, wenn sie im Stande ist, sich vor'm Eintritt des Winters zu bestauden, kann sie den häufigen und heftigen Nachtfrösten im Frühjahre Widerstand leisten.

Der Boden im Schleswig-Holsteinischen besteht, seinen Hauptbestandtheilen nach, aus Lehm und Sand, Thon, Marsch und Moor; man findet diese entweder unvermengt in ganzen Flächen, wie Marsch, Sand und Moor, oder vermischt, oder in dünnen Schichten über einander. Beide Herzogthümer werden jedoch vermöge dreier, vornämlich dominirenden Erdarten, in eben so viele, von Süden gegen Norden fast parallellaufende, sehr wesentlich von einander verschiedene Landstriche getheilt, als: den westlichen, der einen mehr oder wenig bindenden Lehmboden hat; den mittlern, ein sandiges Heideland mit Mooren und Brüchen durchschnitten; und den westlichen, der die Marschen in sich faßt.

Ein älterer Schriftsteller drückt sich über die Beschaffenheit des Bodens im Allgemeinen folgendermaßen aus: „Die „Landesbeschaffenheit anlangend, so wird Holstein und Schleswig nicht unfüglich mit einem Mantel von wüllen Tuch „verglichen, der auf beiden Seiten mit feinstem Sammet bebremet. Dann in der Mitte, wodurch die Hauptlandstraße gehet, ist es ohnstreitig rauh und voller Heide „und Holzung; wonach die Reisenden von der übrigen Länderart zu urtheilen pflegen, an beiden Seeküsten ist es aber „mit gewünschter Fruchtbarkeit gesegnet."

Das östliche Schleswig-Holstein macht den schönsten Theil des Landes aus. Seine Oberfläche ist von höckerichter, wellenförmiger Beschaffenheit, und verursacht die merkliche Verschiedenheit des Bodens, welcher da, wo er sich zu Anhöhen erhebt, im Durchschnitt sandig ist, wohingegen man die Ebenen und sanften Abdachungen mehr oder wenig lehmig, in den Niederungen aber eine Art morastiger Bruch- oder Dammerde findet, deren Unterlage in der Regel aus Thon, der wieder auf Sand ruhet, besteht. Mancher Orten liegt auch wohl zwischen der Bruchrinde und dem Thon noch eine dünne Schicht Feldsteine. Es ist nicht zu bezweifeln, daß die Bildung dieser verschiedenen Schichten durch eben so viele periodisch erfolgte Ueberschwemmungen veranlaßt wurde. Die übertretenden Fluthen löseten die lehmigen Theile der Oberfläche auf, und schwemmten sie von den Höhen herab, wodurch diese sandig, die Abhänge und Ebenen aber desto fetter wurden. Die schwerern Theile bildeten in der Tiefe die Thonschichten. Die Sand- und Steinschichten entstanden, durch andre Fluthen, nach denselben Gesetzen, indem der Sand auf den lehmigen Abdachungen hängen blieb, die Steine der Tiefe zurollten, und nur auf dem Thon zu liegen kamen. Mit Hülfe der Zeit zog das mit vegetabilischen Theilen geschwängerte Wasser die Bruchrinde darüber, oder bildete auch Moore, die jedoch weder zahlreich noch groß sind.

An den meisten Stellen waren die Höhen des östlichen Schleswig-Holsteins, dieses eben so anmuthigen als fruchtbaren Landstrichs, noch im vorigen Jahrhundert sehr reich mit Waldungen besetzt. Seit den letzten Decennien hat man sie dieses Schmuckes an vielen Stellen beraubt, wenn gleich noch immer manche schöne Hölzung verschont geblieben. Die Thäler und Tiefen glänzen von Fischteichen und fetten Seen, und der überall gesegnete Boden des Landes muntert den fleißigen und umsichtigen Landwirth unablässig zu ökonomischen Verbesserungen und Unternehmungen aller Art auf. Seine schiffbaren Meerbusen und blühenden Seehäfen eröffneten in günstigern Conjunkturen dem Landbauer eine Quelle von Reichthümern, und dem Kaufmanne ein weites Feld zur Spekulation; dermalen stockt leider! auch hier, troß der favorisirenden Oertlichkeiten, der Verkehr von allen Seiten.

Der mittlere Theil Schleswig-Holsteins, zwischen den Marschen und dem eben beschriebenen östlichen Landstrich gelegen, gewährt ein höchst trauriges und ödes Ansehen. Der Boden desselben besteht aus Sand mit Dammerde vermischt. Letztere rührt wohl von den großen Waldungen, welche ehemals dort gestanden, her. Jede Tiefe, jede Niederung ist dort mit Mooren und Brüchen angefüllt, und insbesondere nehmen erstere den größten Flächenraum ein, und durchkreuzen das Land nach verschiedenen Richtungen in großen und kleinen Strecken. Obgleich die Höhlungen der hohen Ebene ihre eigentliche Werkstätte sind, so dehnen sie sich doch auch längs den Flüssen und Auen der Westseite, gegen die Marsch hin, aus, wo ihre Erscheinung wieder auf merkwürdige Revolutionen der Vorzeit hindeutet. Jeder Morast entsteht durch Einsperrung und Hemmung des Abflusses von Feuchtigkeiten; es ist also leicht begreiflich, daß ursprünglich die Ansetzung von Mooren längs den Flüssen nicht möglich war. Findet man sie hier dennoch, so mußten sie schon geformt, und durch irgend eine Gewalt dahin versetzt seyn. Nur zu wahrscheinlich ist es, daß starke Wasserfluthen sie aus der Mitte des Landes hervorgehoben, und sie späterhin, beim Abzug jener, an die Ufer der Flüsse versetzt haben. Trifft man sie, wie hier der Fall ist, auch in den Marschen, in mehreren Lagen über einander, mit Zwischenschichten von Sand und Marsch, häufig an: so läßt sich dies nicht anders erklären, als daß sie sich bei Ueberschwemmungen dahin ergossen.

Auch die unübersehbaren Heiden, welche das mittlere Schleswig=Holstein bedecken, und welche von dem Ufer der Elbe bis nach Jütland in ununterbrochenem Zusammenhange fortlaufen, machen einen großen Theil unserer Gegenden unwirthbar. Wer die große Landstraße von Hamburg nach Jütland passirt, und von den sich ihm dort darbietenden Gegenständen auf den übrigen Theil des Landes schließen will, wird ohnfehlbar nur eine sehr schlechte Idee von Holsteinischen Naturschönheiten bekommen können. — So ganz öde und nutzlos aber, als wofür unsere Heidegegenden nicht selten angesehen werden, sind solche doch nicht; sie geben einen gar nicht unwichtigen Gegenstand für die Schaaf= und Bienenzucht ab, und darauf liegenden Dörfern und angesiedelten Colonien sind diese öden Reviere als Weide eben so nützlich als unentbehrlich. Im Holsteinischen findet man auf denselben noch ansehnliche Waldungen, im Schleswigschen ist dieses seltener der Fall. Stellenweise beginnt man zwar mit Ansaat von Nadelholz; aber im Ganzen genommen ist diese doch noch zu unbedeutend, als daß man auf einen bedeutenden Erfolg Rechnung machen könnte. Zwar hat man, da unser Heideboden — die Sandstriche ausgenommen — im Ganzen nichts weniger als mager ist, angefangen, denselben an einigen Orten zu entsäuern und zu cultiviren; aber durchgehends scheint man daran doch, besonders in den jetzigen drückenden Conjunkturen, nur wenig zu denken, wenn es gleich Erfahrungssache ist, daß stellenweise der herrlichste Mergel mit gar nicht sonderlicher Mühe zu bekommen ist, und manche Distrikte für den Landbauer eben so fruchtbar, wenn gleich nicht so lohnend, wie der Boden des östlichen Theils, sind.

Den sandigen Rand dieses Geeststriches begrenzen unmittelbar die Marschen. Die Beschaffenheit ihrer Oberfläche ist überall sich gleich; die ununterbrochene Ebene, welche sie bilden, ist von unzähligen Wassergräben und mehreren schiffbaren Flüssen durchschnitten. Wie schon früher erwähnt, umgeben dieselben gegen die See entweder hohe Deiche oder Sanddünen, und innerhalb derselben durchlaufen sie noch sogenannte Mitteldeiche, und theilen vornämlich die Westseite in mehrere Kooge, so wie diese ehedem dem Meere nach und nach abgenommen wurden. — Sie bestehen durchaus nur aus einer fetten und äußerst fruchtbaren Erde, die man Klever oder Klei nennt, unvermischt mit Holz und Steinen, Brüchen und Mooren. Aber 20 Fuß in der Tiefe finden sich oft mehrere Schichten Torf, Sand und Klei abwechselnd über einander, was denn ein nicht wenig nachtheiliger Umstand für diejenigen Deiche ist, die auf solchem Grunde stehen. — Man theilt die Marschen in Sand- und fette Marschen; erstere haben einen geringen Zusatz von Sand, letztere bestehen — wie z. B. das Eiderstädtische — aus lauter Klei. Die überschlammten Sandbänke, welche die ganze Küste umgeben, sich weit in die See hineinerstrecken, und zur Zeit der Ebbe gewöhnlich vom Wasser frei sind, werden Watten genannt. Man fischt auf einigen (zum Beispiel im Norderdithmarschen) Bernstein; auf anderen gräbt man Torf. — In trockenen Jahren, und wenn die ursprüngliche Bodenkraft nicht von übermäßigen Kornsaaten ausgesogen wurde, geht die Fruchtbarkeit der Marschdistrikte oft ins Erstaunliche. —

Nach Professor Riemann's Handbuch der Schleswig-Holsteinischen Landeskunde zählt man in beiden Herzogthümern 251 adeliche Güter, wovon 116 im Herzogthume

Schleswig und 135 in Holstein belegen sind; Städte, in jedem Herzogthum 13, und Flecken in beiden Herzogthümern zusammen 29. Die Zahl der Dörfer wird gewöhnlich zu 4000, 1500 in Schleswig und 2500 in Holstein angegeben. Beide Herzogthümer sollen nach der Volkszählung vom Jahre 1803 gehabt haben 604,085 Einwohner;

davon männlichen Geschlechts	.	301,215.
weiblichen Geschlechts	.	302,870.
die Landdistrikte	. . .	499,638.
die Stadtdistrikte	. . .	104,447.

Unter den Einwohnern der Landdistrikte waren

männlichen Geschlechts	.	248,769.
weiblichen Geschlechts	.	250,869.
In den Städten männlichen Geschlechts		52,446.
weiblichen Geschlechts		52,001.

Das Herzogthum Schleswig enthält 278,342

davon männlichen Geschlechts	.	136,574.
weiblichen Geschlechts	.	141,768.

davon wohnten auf dem Lande 231,930.

davon männlichen Geschlechts	.	114,042.
weiblichen Geschlechts	.	117,888.

in den Städten 46,412.

davon männlichen Geschlechts	:	22,532.
weiblichen Geschlechts	.	23,880.

Das Verhältniß zwischen Stadt= und Land=Distrikte in Holstein kenne ich nicht. —

Diesem Ueberblicke noch eine vollständige und sicher begründete Nachricht von unserer Ernte und Ausfuhr an Getreide und Oelsaat rc. hinzuzufügen, dazu fehlt es leider! bis dahin noch immer gar zu sehr an den nöthigen Belegen. Man nehme daher mit dem Wenigen, was ich zur Bildung einer ökonomischen Balance von den Herzogthümern aus ältern Quellen schöpfen konnte, vorlieb.

Pontoppidan giebt die Kornausfuhr vom Herzogthume Schleswig zu 100,000 Tonnen an; man kann indeß dermalen getrost annehmen, daß seit der Mergelung die Ausfuhr um dreimal höher gesteigert. — Der Viehstand wurde im Jahre 1774 gezählt. Damals waren:

Kühe von 1 bis 3 Jahren	. .	83,040
— über 3 Jahr	. . .	221,841
Ochsen von 1 bis 3 Jahren	. .	38,187
— über 3 Jahr	. .	12,324
		355,392

Obgleich durch die Viehseuche von 1774, 1782 beide Herzogthümer 150,000 Stück verloren, deren Werth auf dreizehn Tonnen Goldes geschätzt wurde: so dürfte sich doch seitdem die Zahl über die des Jahres 1774 sehr beträchtlich — wohl dreifach — vermehrt haben.

Der Ausfuhrbetrag an holsteinischer Butter, an eiderstädtischen, Wilster-Marsch, und Holländereikäsen, überhaupt an Fettwaaren möchte über eine halbe Million zu schätzen seyn.

An feinerer Wolle der Schleswigschen Westseite, an eiderstädtischer, Windingharder und Inselwolle sollen 150,000 Pfund gewonnen, und davon 120,000 Pfund roh ausgeführt werden. — Nach Oluffen's Uebersicht der National-Industrie Dännemarks werden aus den dänischen Staaten ins Ausland 16 — 20,000 Stück Pferde alljährlich verkauft. Hiervon sind über die Hälfte für die Herzogthümer anzuschlagen. — Ueber den Fischhandel haben wir durchaus kein vollständige Angabe.

Was die Fabrikate anbelangt: so möchte die Versendung der Tonderschen Spitzen, deren Ausfuhrwerth Pontoppidan zu einer Tonne Goldes, und den verdienten Arbeitslohn zu 66,666 Rthlr. anschlägt, wohl vornämlich bemerkenswerth seyn; außerdem führt man eine Menge dänischer Handschuhe aus dem Schleswigschen aus. Nicht minder kommen in Betracht: die Sylter, Föhringer und Fehmerschen Strümpfe, Mundsbürgner und Unumünsterschen Wollenwaaren, auch an der Schleswigschen Ostseite Ziegelsteine, die besonders von den zahlreichen, am Flensburger Meerbusen belegenen, Ziegelhütten aus, als Ballast nach den entferntern ostseeischen Häfen gebracht werden.

Landmaaß, Gewicht und Münzwesen.

Der Pflug ist ein Landmaaß, das mit der Fläche zugleich die Güte des Landes bezeichnet. Nach Kroymann gehen auf einen Pflug 9597 Q. Ruthen, 185 Q. Fuß holst. Maaß. In der Regel werden auf eine Q. Meile $64\frac{1}{2}$ Pflug; in Schwansen und dänische Wohld aber $60\frac{2}{3}$ Pflug gerechnet. Onder nimmt an, daß ganz Schleswig 10,630 Pfluge enthalte. — Die meisten Anlagen werden nach Pflugen bestimmt *).

Nach der verschiedenen Güte des Landes begreift eine Tonne 200, 240 — 60, 300 Quadratruthen und darüber. 260 Q. Ruthen machen eine Steuertonne, 300 Q. Ruthen eine Tonne Holzlandes aus. — In Angeln enthält die Tonne 8 Scheffel; 1 Scheffel 40 Q. Ruthen; $\frac{1}{16}$ Scheffel

---

*) Vergl. Niemann, S. 63. Hausen, S. 63. Dyssel Reise, S. 132 — 45 ic.

$2\frac{1}{2}$ Q. Ruthen; 1 Q. Ruthe 16 Hamburger Q. Fuß. *) Das dort übliche Landmaaß, der sogenannte Heidscheffel faßt 144 Quadratruthen zu 16 Fuß in sich, und macht 6 Schuh Haferlandes aus. — Eine Mark Goldes, welches Maaß im Lande Sundewitt und im Glücksburgischen gangbar ist, und Oest meint, so viel Land bedeute, als einer vor Alters für ein Mark Goldes, d. i. 144 Rthlr. Spezies kaufen konnte, ist von verschiedener Größe. Auf Sundewitt beträgt ein Mark Gold 7 Tonnen Haferlandes, oder $2\frac{5}{6}$ Tonnen Hartkorn. 6 Mark Goldes, oder 120 Heidscheffel, machen gewöhnlich eine volle Hufe aus **). — Der Demath, ein vorzüglich in den verschiedenen Marschen übliches Landmaaß hat keine allgemein gleiche Größe. In den Tonderschen, Marsch- und Geestharden hält ein Demath 10 Ammersaat zu 16 Q. Ruthen, oder 180 Q.R. zu 18 Fuß. 4 Lestall (à 45 Q.R.) Wiesenlandes geben auf Sylt einen Demath. — Im Eiderstädtischen enthält ein Demath 216 Q.R., eine Ruthe $8\frac{1}{3}$ Ellen; zur rheinländischen verhält diese sich wie 131 zu 144; — $1558\frac{1}{2}$ Ruthen = 1 Meile; — 11,345 Demath = 1 Q. Meile ***). In Stapelholm hält ein Demath 6 Scheffelsaat zu 36 Q.R. Ein Halligdemath enthält, nach augenmaaßlicher Schätzung, ohngefähr so viel Land, als zur Grasung einer Kuh gehört (420 — 40 Q.R.) — Das, auf der Insel Fehmern gebräuchliche Drömbtsaat, in Scheffelsaat und Faßtsaat eingetheilt, beträgt 432 Q.R.

Wo man im Schleswig-Holsteinischen nach Morgen mißt, ist die Größe derselben fast eben so verschieden, als

*) Otto Bemerkungen über Angeln.

**) Gude v. Sundewitt, S. 22.

***) Volkmar über Eiderstädt.

die Gegenden sind, wo dieses Maaß üblich ist. Nachrichtlich bemerke ich nur, daß 9 Morgen Dithmarscher Maaße 25 Stapelholmer Demathen gleich sind.

Zu Getreiden und Früchten wird das in Seeland gebräuchliche Maaß, nämlich Tonnen von 8 Scheffel oder Schuh à 4 Viertel, genommen. Diese Tonne faßt $21\frac{1}{8}$ Hamburger Schnit und $22\frac{3}{4}$ solcher Tonnen machen eine Hamburger Last.

Ueberall wird das Lübische Gewicht gebraucht, so daß ein Schiffpfund 20 Lpfd. oder 280 Pfd., ein Centner 8 Lpfd. oder 112 Pfd., ein Liespfund 14 Pfund, ein Pfund 16 Unzen ꝛc. enthält. — Schnellwagen darf man nur in Privathäusern, und nicht in Kramläden oder auf dem Markte haben, und damit kein Unterschleif vorgehen könne, muß jedermann sich entweder gestempelte Maaße und Gewichte bei den dazu bestellten Justizbedienten erkaufen, oder auch die selbst verfertigten daselbst stempeln lassen, und bei schwerer Geldstrafe, nicht einmal zum Privatgebrauch, ein anderes im Hause haben.

Schleswig und Holstein rechnen nach Reichsthalern, Marken, Schillingen und Pfennigen, in demselben Verhältniß wie Hamburg und Lübek. Die jetzige Schleswig-Holsteinische Landesmünze ist im Jahre 1788 eingeführt. Sie ist eine Speziesmünze, welche zugleich in den nämlichen Stücken die Courantmünze vorstellt. Das Gehalt des Speciesthalers ist $9\frac{1}{4}$ aus der Mark fein, die rauhe Mark wird zu 14 Loth fein gerechnet. Es giebt ganze, $\frac{2}{3}$, $\frac{1}{3}$, $\frac{1}{5}$, $\frac{1}{6}$, $\frac{1}{12}$, $\frac{1}{15}$, $\frac{1}{24}$ Spezies; alle sind zu $9\frac{1}{4}$ Speziesthaler die Mark fein, also nach ihrem innern Gehalt dem Hamburger Banko gleich, ausgemünzt. Die Scheidemünze besteht aus silbernen zwei Sechslingsstücken (1 Schill. lüb.) von 4löthigem Gehalte zu 13 Thaler die Mark fein ausgemünzt; kupfernen Sechslingen und Dreilingen, vom innern Werthe der dänischen Schillinge und Halbschillinge. — Im Handel und Wandel kommen an andern, theils einheimischen, theils fremden Geldsorten öfterer oder seltener auch vor: Dänische Species- und Courant-Dukaten ($75\frac{5}{8}$ Stück zu 21 Karat 1 Grän fein aus der Mark Cölnisch) gelten 6 Mk. lüb. oder 12 Mk. dänisch Courant; Reichsbankthaler = 30 Schill. Cour.; altes Grobcourant, klein Courant, Hamburgische und Lübsche Courantmünze, Mecklenburgische Schillinge. —

Zweiter Abschnitt.

Charakteristik, Lebensart, Sitten und Gebräuche der Landbauer.

Von dem Charakter unserer Ackerbauer eine vollständige Schilderung zu entwerfen, ist eine um desto schwierigere und weitläuftigere Aufgabe, je mehr sich die Bewohner unsrer einzelnen Distrikte und Landschaften nicht selten in ihrer Abstammung, Lebensart, Erziehung und Sitten auf mannichfaltige Weise von einander unterscheiden. Den so reichhaltigen Gegenstand hier zu erschöpfen, möchte für unser Werk nicht gerathen seyn, indem wir schon allein mit jenem Gemälde einen starken Band füllen dürften. Das, was wir durch Darstellung der geistigen Eigenthümlichkeiten unserer Landsleute bezwecken wollen, nämlich dem Leser behülflich zu seyn in den Eigenschaften des Nationalcharakters auch hier die mitwirkenden Triebfedern des allgemeinen Wohl- oder Uebelseyns, die Aussicht einer künftigen Verbesserung oder Verschlimmerung ꝛc.

zu entdecken, den Einfluß der geistigen Natur auf die äußeren Dinge zu bemerken: können wir schon vermöge der Aufzeichnung gewisser allgemein hinpassender Hauptzüge und durch leichte Umrisse des Abweichenden in den Charakteren der, ein eignes Ganze bildenden, unterschiedlichen kleinen Volksstämme, z. B. der Probsteyer, Marschbewohner, Fehmeraner rc., ins Werk setzen.

Leider! hat der Zeitgeist auf die Denkungsart und das Benehmen der Schleswig-Holsteiner auch seinen großen Einfluß geübt. Ehedem standen sie zwar auf einer weit niederern Stufe der Kultur, und eben darum war ihnen auch manches jetzt verschwundene Vorurtheil eigen; aber dafür fand man bei ihnen, und galt um Vieles höher, jene treuherzige Biederkeit, jene Zutraulichkeit und unermüdete Arbeitsliebe, Redlichkeit und Gutmüthigkeit, welche dermalen immer seltener werden. Im Allgemeinen kann man jedoch wohl annehmen, daß die Holsteinischen Geestbewohner ihren Nationalcharakter noch besser, als die Schleswiger bewahren. Auch von den Insulanern, den Bewohnern der Inseln Fehmern, Föhr rc. gilt dieses.

Der Holsteinische Bauer ist im Durchschnitt gerader und aufrichtiger, auch bezeichnet sein Benehmen, z. B. der äußere Anstand des Probsteyers, noch ein gewisses Kraftgefühl und eine Derbheit, welche seinem Schleswigschen Nachbar ziemlich fremd sind. Er hängt auch im Allgemeinen noch mehr an Sitten und Gebräuchen seiner Väter, und erhält sich eben dadurch seine geistigen Eigenthümlichkeiten länger. In dem Charakter des Schleswigschen Bauers, z. B. des Anglers, liegt indeß eine größere Empfänglichkeit für äußere Verfeinerung und selbst für Geistesbildung. Der größte Theil der Angler hat's nicht allein im mechanischen Wissen, z. B. Rech-

nen

nen und Schreiben ꝛc. ziemlich weit gebracht, sondern besitzt auch, mehr oder minder, nützliche Sachkenntnisse. Er lieset gern ein gutes Buch und findet Vergnügen an einer lehrreichen Unterhaltung. Dabei ist er dem Schlendrian weit weniger ergeben, liebt und macht gern nützliche Neuerungen. Dieser höhere Grad der Kultur scheint aber gleichzeitig das Sinken seiner Moralität herbeigeführt zu haben, hauptsächlich ist er von den nachtheiligen Einwirkungen des Zeitgeistes, in Rücksicht auf Religiosität, keinesweges frei geblieben.

Wenn gleich in dem Charakter des Holsteiners nicht selten eine gewisse Unbiegsamkeit und ein ärgerlicher Starrsinn liegt: so bedünkt uns doch, daß ein frommer, für Recht und Pflicht fühlender, Sinn ihm eigener ist, als dem Schleswigschen Geestbauer. Auch ist er frei von jenem lächerlichen Dünkel, jener kleinlichen Selbstsucht und verkehrten Begriffen von Ehre, welche man vornämlich in Angeln bei den Bauern antrifft. Falsche Ehrbegriffe sind die Mutter der leidigen Prozeßsucht, die hier, und auch unter andern auf Fehmern, dessen Bewohner übrigens eine so edle Unerschrockenheit, einen so herrlichen Erwerbsfleiß und so manche andere rühmliche Eigenschaften besitzen, nicht wenig Unheil anstiftet. Sie hat, sowohl bei dem Fehmeraner als dem Angler, wohl mehr ihren Grund in der vermeinten Nothwendigkeit, um die eigene Ehre willen dem Andern nicht sogleich nachgeben zu müssen, als in der zunehmenden Habsucht. Man kann dieses vorzüglich daraus abnehmen, daß zuweilen Leute, während der gerichtlichen Führung ihres Rechthandels wider einander, nicht nur an einerlei freundschaftlichen Zusammenkünften Theil nehmen, sondern sogar Abends den gemeinschaftlichen Weg nach Hause, unter vertraulichen Gesprächen mit einander zurücklegen. Dieses falsche Ehrgefühl der Angler ꝛc. äußert sich auch besonders noch durch die Bereitwilligkeit, womit die Freunde und am gewöhnlichsten die Mitbewohner eines Dorfes oder Kirchspieles mit dem vermeintlich oder wirklich beleidigten Theile gemeinschaftliche Sache machen, um die von ihnen allein im gewissen Grade empfundene Beleidigung an dem Widersacher zu rächen.

Die Liebe zum Vaterlande und zur Freiheit glänzt unter den Tugenden der Schleswig-Holsteiner nicht am hellsten hervor, und zeigt sich vorzüglich um so weniger, je länger sie den Druck der Knechtschaft empfunden. Das Gefühl der Freiheit möchte dem holsteinischen Geestbauer im Grunde wohl noch weniger, als seinem Nachbar dem Schleswiger inne wohnen. Bei dem Angler — bei den Bewohnern der Marschen, z. B. den Eiderstädtern, denen die innere Verwaltung der Landschaft eine Art der Theilnahme und Mitwirkung in den wichtigeren Angelegenheiten läßt, wie sie wenige seiner Nachbaren in so hohem Grade kennen, wird ein Gefühl von Unabhängigkeit schon sichtlicher, wenn gleich bei ihnen mitunter, so wie durchgehends bei dem ganzen übrigen Theil unserer Bauersleute die Ueberreste und Spuren der Leibeigenschaft, Zurückhaltung, stummes Anstaunen der Fremden, Ungefälligkeit rc. nicht selten vorkommen. —

Sparsamkeit ist, im Ganzen genommen, bis dahin unsern Landleuten nicht besonders nachzurühmen gewesen. Sie ließen gern aufgehen, als sie etwas hatten. Jetzt lehrt natürlich die Noth sie beten; und schaden kann es wohl nicht, daß Erfahrung, diese theure Lehrmeisterin, ihnen darthue, wie verständig es sei, in guten Zeiten einen Nothpfennig bei Seite zu legen. — Wie gesagt, liegt auch die Dienstfertigkeit nicht im National-Charakter der Schleswig-Holsteiner; vielleicht machen nur die Marschbergner eine Ausnahme von der Regel: und was die vor Zeiten so hoch geschätzte und vielbesprochene germanische Gastfreiheit anbelangt: so ist sie wohl am meisten noch im Lande Angeln anzutreffen. Ausschweifungen im Trunk und in der Liebe fallen zwar vor, indeß glaube ich doch annehmen zu können, daß diese Laster hier weniger herrschend, als in manchen andern Gegenden sind. Thätigkeit und Ordnungsliebe gelten deshalb auch als gewöhnliche Eigenschaften; erstere giebt sich in einigen Distrikten besonders im häuslichen Fleiß zu erkennen, wovon späterhin noch weiter die Rede seyn wird. —

Der Schleswig-Holsteiner ist in der Regel abergläubisch; wird es noch immer mehr, seitdem so viel mystisches Kauderwelsch unter's Volk gekommen. Bei dem aufgeklärteren Theil der Landbewohner, z. B. den Anglern, auch den Probsteiern, ist der Glaube an Ahnungen, Vorgeschichten, Hexen u. dgl. zwar nicht so allgemein verbreitet: wird aber doch noch leider! viel zu oft im täglichen Leben sichtbar, was um so mehr Wunder nehmen muß, je zweckmäßigere Einrichtungen des Schulwesens dort Statt finden. —

Rühmlich ist es, daß unsere Bauern, im Ganzen genommen, in ihrer Kleidung eine gewisse Einfachheit beibehalten haben. An Neigung zum Kleiderstaat fehlt es hier natürlich den Weibern so wenig, als anderswo, indeß wissen sie diese doch noch immer so schicklich in Schranken zu halten. Die Schleswig-Holsteinischen Geestbauern kleiden sich meist in eigen gemachte Zeuge und grobe Tuche. Die Frauen in Angeln sind vornämlich wegen der Bereitung wollener und leinener Zeuge berühmt. Die Weberkunst ist dort eine ganz gemeine Geschicklichkeit; nicht allein die Töchter, sondern auch die Söhne der Bauern müssen sehr oft auf kürzere oder längere Zeit sich, nach ihrer Confirmation, bei einem Weber in die Lehre geben. Die hier noch vor einigen Decennien gangbaren Nationaltrachten hat die Mode allgemach mehr oder weniger verdrängt. Vornämlich haben die Probsteier, die Fehmeraner, die Bewohner der Insel Föhr, u. e. a. ihre altväterliche Kleidung noch beibehalten, wenn gleich auch sie in manchen Stücken Reformen erlitten. Die Männer in der Probstei legten nur die zu ihrer Nationaltracht gehörenden Strümpfe noch nicht ab, doch auch diese werden schon einzeln mit höfischen vertauscht. Der Frauen Tracht hat eine hochrothe Farbe. Das Mieder schließt ganz knapp an, und ist reich mit Knöpfen und Schnüren besetzt, die Röcke haben eine oft etwas auffallende Kürze, den dicken Strümpfen wird mit Seife und Kreide eine blendende Weiße gegeben. Das Haar trugen sie früher scharf geflochten, in vielen nassen Flechten rings um den Kopf gewunden, welches nicht selten eine heftige Erkältung des Kopfs, Katarrhalkrankheiten rc. zur Folge hatte. Jetzt sind Kopfbedeckungen eingeführt, so wie denn überhaupt die ganze weibliche Kleidung seither ein zusammengesetztes Gemisch der alten Nationaltracht und der sogenannten höfischen Kleidung ist. — Zu dem Eigenthümlichen der Frauenzimmertracht auf Fehmern gehören in Werkeltagen die spitzen, von buntem Zeuge verfertigten, und mit Tressen besetzten Mützen. An festlichen Tagen schmückt sie dagegen die sogenannte Walke, eine Art von türkischem Turban, auf dessen unbedecktem Obertheile das Haar mittelst einer langen silbernen Nadel zusammen gesteckt wird. Ein solcher Kopfputz erbt, bei seiner größeren Kostbarkeit, und dem wenigen Gebrauche, welcher davon gemacht wird, gewöhnlich von der Urmutter auf die späteste Enkelin herab.

Die Männer kleiden sich, der freien Lage des Landes

und der Schärfe der Seeluft halber, vorzüglich warm; nur hinsichtlich der Hauptbedeckung, welche außer dem Hute, selbst in den wärmsten Monaten, noch eine Kappe ausmacht, scheinen sie ein wenig ins Extrem zu verfallen, und dadurch selbst die Schuld an häufigen Erkältungen zu tragen. — Die Hauptstücke der Föhringer Frauentracht sind: ein blauer sogenannter Pei oder Pie, gewöhnlich ohne Aermel von Kirsei oder Laken, der etwa über die Waden reicht, vorne am Hals ziemlich weit offen steht, und sich etwas unterhalb der Brust völlig zusammen schließt; der Nedderkragen, ein länglich-viereckiges Stück Kattun oder Seidenzeug, welches die Brust bedeckt; die Aermel von Seidenzeuge, wollenem Dammast rc., welche bis etwa an die Mitte des untern Arms reichen; der Kortel, welcher oben über den Pei getragen wird, und bei Kommunion oder Leichenbegleitungen von ganz blauer Farbe seyn muß; eine weiße, nesseltuchene oder leinene Schürze, schwarze Strümpfe ohne Füße, und weiße Socken. Als Kopfbedeckung tragen sie gewöhnlich zwei Tücher, von denen das eine, wie ein gewöhnliches Weiberhalstuch zusammengelegt, von oben heruntergeschlagen und unter dem Kinn und den beiden Zipfeln zusammengeknüpft wird, so daß die beiden übrigen hinten los herunter hängen; das andere aber vor Mund und Nase gebunden, und hinten auf dem Kopf geknüpft wird. — Auch die Marschbewohner und die Landleute in mehreren andern Gegenden der Holsteinischen und Schleswigschen Geest zeigen mehr oder weniger etwas Eigenthümliches in ihrer Kleidertracht; wir umgehen indeß, auch dieser Erwähnung zu thun, da uns solches zu weitläuftig machen möchte. —

Der Schleswig-Holsteinische Landmann liebt, im Ganzen genommen, derbe Hausmannskost; Grütze ist ein Hauptgericht unserer Bauern, sie kommt in der fünffältigen Mahlzeit des Anglers wenigstens dreimal vor. In der Regel wird im Herbste tüchtig eingeschlachtet, und Fleisch und Kartoffeln geben dann die häufigste Winterspeise ab. Der Gebrauch des Kaffee und Thees hat leider! auch hier in den letzteren Jahren immer weiter, insbesondere in den Marschen, wo der Landbauer überhaupt eine mehr leckere Lebensart führt, um sich gerissen. Wegen seines vielen und der Speisung fetten Essens ist insonderheit der Fehmeraner einigermaßen berüchtigt geworden. Er stehet in dem Rufe, daß die Speisung seiner Handarbeiter auf eine etwas verschwenderische Weise vor sich geht, und daran mag auch Wahres, und dieses Uebermaaß des Genusses Schuld daran seyn, daß die Arbeitsfähigkeit und der Gesundheitszustand jener Leute nicht selten frühe auffallend geschwächt ist. Nach der Versicherung glaubwürdiger Zeugen sind die Fehmeraner so sehr an fette Speisen gewöhnt, daß das sogenannte Fleesch=fatt, nämlich eine Schüssel mit geräuchertem Rindfleische, Speck, Würsten und Zungen nur einzeln bei einer Mahlzeit fehlet. Im Sommer wird zu diesem Gerichte der sogenannte saure Käse, mit Bier und ungesäuerter Milch übergossen, genossen; den Schluß der Mahlzeit macht dann mitunter eine Speck= oder Pöckelfleisch-Suppe. Als Nationalgerichte mögen beiläufig noch erwähnt werden: die sogenannte Speckgrütze und die Fehmerschen Klöße. Erstere besteht aus einer mit Speck gekochten, dicken Milchgrütze, woran zuweilen noch ein Zusatz von Butter kommt: letztere werden, insonderheit durch Braten in Fett oder Butter zubereitet, und dem Gesinde, Abend vor Abend, vorgesetzt. Gewiß, es gehört ein Fehmerscher Magen zur Verdauung solcher Speisen, welche, auf jeden Fall, der Jugend nur Anleitung zur Unfläthigkeit geben können. Herrschende Gewohnheit ist es, daß die Brodherrschaft mit ihrem Gesinde aus Einer und derselben Schüssel speiset; diese Sitte verdanket wohl, von früherer Zeit her, der haushälterischen Sorgfalt ihre erste Entstehung. — Weit einfacher ist die Lebensweise der Probsteier. Jede Mittagsmahlzeit muß Klöße von Weitzenmehl enthalten. Auch wird in der Probstei viel Brod von Weitzenmehl, und das Rockenmehl gesichtet zum Schönbrod verbacken gegessen. Die sogenannte saure Supp, von Speck oder Gänsefleisch, Klößen, Kartoffeln, gelben Wurzeln und Essig bereitet, ist eine Lieblingsspeise der Probsteier. Ihr gleich schätzen sie das schwarze Sauer von Gänse- oder Schweinefleisch. Nach J. F. v. Schütze Idiotikon soll die Gewohnheit, Schwarzfleisch zuzurichten, von den alten Wenden herrühren, die das, was vom Opfervieh übrig blieb, auf diese Weise zum Gastmahl zurichteten. Das Kaffeetrinken scheint leider! auch bei den Probsteiern eine unheilbare Manie zu seyn. — In der Ernte erhalten ihre Arbeiter viermal täglich warmes Essen. — In des Anglers Mahlzeiten kommen viel Butterbrod und Fleisch, besonders auch Schweinefleisch vor. — Unser Bauer liebt in der Regel ein gutes Bier, welches z. B. der Angler nicht sparsam trinkt; der Genuß des Branntweins ist erst in den letzteren Jahren häufiger geworden. Seit einiger Zeit hat man auch in den bäurischen Haushaltungen damit begonnen, Cyder zu brauen.

Der Körperbau unserer Landleute ist in der Regel von Natur fest, stark und gesund. Der Schwerfälligkeit und Langsamkeit wird nur der nördlichere Schleswiger und der Angler beschuldiget. Es ist auch wenigstens gewiß, daß bei letzterem der eingeführte Gebrauch der Holzschuhe, den freilich die Beschaffenheit des Bodens entschuldigen mag, der Regsamkeit nicht eben zu Statten kommt. Meiner Wahrnehmung nach zeichnen sich übrigens in jedem Betrachte, hinsichtlich der körperlichen Bildung, ein großer Theil unserer Holsteinischen Bauersleute vor ihren Nachbaren vortheilhaft aus. — Bekannt als hübsche Frauenzimmer sind die Bauerweiber und Mädchen in der Umgegend der Stadt Itzehoe. Auch die Probsteier haben einen ganz eigenen, graden, fernigten Körperbau, starkes sich kräuselndes Haar, Kraft in Mienen und Gang, ein offenes freies Gesicht unterscheidet sie sehr merklich. Besonders ist die Bildung des weiblichen Geschlechts in der Regel sehr vortheilhaft. Ihre blendend weiße Gesichtsfarbe (welche dort soviel gilt, daß een witte Deeren und ein schönes Mädchen gleichbedeutende Ausdrücke sind), ihr freies keckes Wesen, das von Freiheit und Selbstständigkeit zeugt, und die eigenen Züge ihrer Physiognomieen haben wirklich etwas Anmuthiges und Gefälliges.

Unser Bauersmann arbeitet in der Regel selbst in seiner Wirthschaft mit; im Sommer unterzieht er sich wenigstens selbst der schwersten Arbeit. Im Winter läßt er, wenn er ein oder mehrere Knechte halten kann, diese gewöhnlich dreschen, und nimmt sich selbst allein oder mit Beihülfe eines Jungen der Wartung des Viehes an. Außerdem machen der Verkauf seiner Produkte, die Aufsicht über Scheune und Stall seine Beschäftigung aus. Die langen Winterabende werden leider! noch immer von den meisten beim Heerd oder hinterm Ofen, die Pfeife im Munde, müßig zugebracht. So viel auch schon darauf hingearbeitet worden, unserm Bauer Neigung zu nützlichen Industriearbeiten, denen er außer der Zeit, daß der Landbau ihn beschäftigte, obliegen könnte, einzuflößen: so ist man doch in diesem Punkte noch nicht ums Geringste weiter gekommen. Worin das steckt, bleibe hier unerörtert; nur soviel sei uns erlaubt, bei dieser Gelegenheit zu äußern: daß, unserer unvorgreiflichen Meinung nach, mehr wie bisher dahin gesehen werden sollte, den Kindern schon in der Schule mehr Lust und Liebe zum Dinge beizubringen, und sie dort auf eine zweckmäßige Weise mit jenen mechanischen Arbeiten, von deren Anwendung man so manches für das Gemeinwohl hofft, bekannt zu machen. — Das weibliche Geschlecht ist im Ganzen genommen viel thätiger, als das männliche. Die Frauen halten nicht selten ihren Männern die Köpfe oben. Sie streben wacker für die Haushaltung, und unterziehen sich insonderheit in den meisten Fällen zum größten Theile der Molkereiwirthschaft ganz allein. Dabei sind sie in der Regel geschickt in Handarbeiten; Spinnen, Weben und Stricken geht ihnen fertig von der Hand, und sie suchen ihre größte Freude darin, dem Manne Koffer und Laden recht voll zu schaffen. — Die Kinder werden schon frühe zur praktischen Erlernung aller zur Land- und Hauswirthschaft gehörigen Arbeiten angehalten. Die kleineren Landbauer lassen ihre Knaben meistens nur im Winter zur Schule gehen; während des Sommers müssen sie Jungens-Dienste thun. Wie nachtheilig das im Ganzen für die Kleinen ist, braucht hier wohl unerörtert zu bleiben. Ein Glück ist es noch, daß unsere Landschulen jetzt fast allgemein von so musterhafter Beschaffenheit sind, daß die Jugend noch so ziemlich in den Stand gesetzt wird, einen großen Theil des Versäumten während des winterlichen Schulbesuches wieder einholen zu können. Die Söhne der Bauern ziehen, wenn sie confirmirt sind, häufiger zum Dienen aus, als die Töchter. Die jungen Leute in der Probstei, denen überhaupt eine besondere, ihren Nachbaren fehlende, Energie eigen ist, und welche in allen Arbeiten, die der Ackerbau erfordert, vorzüglich gewandt und geschickt sind, wandern noch alljährlich in die entlegensten Theile des kleinen Reichs, sich Verdienst durch

Schneiden und Dreschen des Rapses zu suchen, aus. In frühern Zeiten sind sie selbst nach Holland gegangen. Den Probsteiern gebührt auch in industriöser Hinsicht ein Lob, welches man allenfalls, außer den Fehmeranern und einigen andern Inselbewohnern, nur noch dem Angler spenden dürfte. Sie zeichnen sich als Schönfärber, als Weber ꝛc. rühmlich aus; auch bereiten sie herrlichen Essig, sind in der Verfertigung von Strohmatten, Strohhüten ꝛc. gar nicht ungeschickt u. s. w.

An Handarbeitern, Knechten und Tagelöhnern, ist im Schleswig-Holsteinischen eher Ueberfluß als Mangel. Der Holsteiner ist in der Regel anhaltender fleißig, und beharrlicher in der Arbeit, als sein nördlicher Nachbar. Insonderheit wird dem Angler eine gewisse Gemächlichkeit und Trägheit nachgesagt. Die faulsten Arbeiter trifft man immer da an, wo der sogenannte Hoftag noch üblich ist. Solche Tagelöhner, welche Hofdienste leisten, arbeiten anscheinlich sehr rasch, wenn das Auge des Herrn in der Nähe ist, dafür aber ruhen sie oft recht gemüthlich aus, und sind stets mit dem, was sie beschafft, zufrieden. Der Grund davon liegt eigentlich in der verkehrten Wirthschaftseinrichtung, welche meistens bei einer Oeconomie, womit Hofdienste verbunden, mehr oder weniger Statt findet.

Gemeiniglich wird vom Sonnenaufgang bis zum Sonnenuntergang, mit Ausnahme der bestimmten Ruhestunden, gearbeitet. — In früheren Zeiten war das gewöhnliche Knechtlohn hier 30 — 36 Thaler, und der Tagelohn betrug für die Männer, außer der Ernte, im Sommer 10 — 12 Schill., im Winter 8 Schill.; für die Frauen im Sommer 8 — 10 Schill., im Winter 6 Schill.; seither werden Knechte für 24 Thaler und darunter gemiethet, und der Tagelohn hat auch an den meisten Stellen in selbigem Verhältnisse abgenommen. Hält die jetzige schlechte Conjunktur, wie ja nur leider! zu sehr zu befürchten, noch lange an: so steht wohl zu erwarten, daß der Arbeitslohn noch weit tiefer sinken werde. Und sollen die Produktionskosten mit den Preisen der Produkte wieder einigermaßen in Verhältniß gestellt werden: so muß auch eine solche Reform Statt finden.

Der Verarmten giebt es leider! auch hier nicht wenige; indeß ist Gottlob! in den letzteren Jahren so Vieles und Verständiges für's Armenwesen gethan, daß wir schon anfangen, weit minder den Druck der Armenlasten zu empfinden. Der rege Sinn der Höhern für's Gemeinwohl spricht sich hauptsächlich auch in der Anlage von Sparkassen aus, wodurch dem kleineren Landbauer ein Mittel in die Hände gegeben wird, sich in guten Jahren und bei ungewöhnlichem Verdienste seine Zukunft mehr oder minder zu begründen.

Die Zeit hat auch große Veränderungen in den Sitten und Gebräuchen der Schleswig-Holsteiner bewirkt. Es sind nur noch wenige der altväterlichen übrig geblieben, und auch diese werden wohl allgemach bis auf die letzte Spur verschwinden. Vor allen andern haben sich noch bei wichtigern Veränderungen des häuslichen Lebens die Probsteier ihre eigenen Gebräuche erhalten. Dies giebt sich insonderheit noch bei Taufen und Hochzeiten zu erkennen, wenn gleich auch dabei Mehreres, das zu bedeutenden Kostenaufwand forderte, dem Drange der Zeitumstände weichen mußte. In ältern Zeiten hatten die Probsteier auch ihren eigenen Nationaltanz, der aus lauter kurzen Reprisen zusammengesetzt war, und wobei besonders die sich in Wirbeln drehenden Tänzerinnen durch Schwingungen brillirten. In einem Tanze, Dütjendans genannt, gab die Musik ein Zeichen, auf welches jeder Tänger seine Tänzerin küssen (dütjen) mußte. Jetzt haben moderne Tänze, Walzer, Ecossaisen u. dgl. den Nationaltanz verdrängt. Ein noch jetzt bestehendes Hauptfest der Probsteier ist die Pfingstgilde. Sie beginnt am Mittewochen nach Pfingsten und dauert bis zum Sonnabend. Ihr folgt gleich nach Lichtmeß die sogenannte Fastelabendgilde. Außer diesen beiden Gilden haben die Probsteier auch noch Todten- und Brandgilden. Hier bedeutet das Wort Gilde eine Innung, Brüderschaft. Diese finden in den meisten Gemeinden Statt, und die Einrichtung derselben hat sich in der letzteren Zeit sehr vervollkommnet. — Große Hochzeits- und Taufschmäuse sind auch an andern Orten als in der Probstei etwas ziemlich Gewöhnliches, nur daß die Gebräuche, welche dabei Statt finden, so verschieden sind, als die verschiedenen Gegenden, wo sie gehalten werden. Die größten Hochzeiten fallen wohl noch immer im Lande Angeln vor. Zu diesen werden nicht selten 400 Gäste gebeten, welche außer einer Geldgabe auch Geschenke an Hühnern und Schinken mitbringen. Bei kleinen Leuten sind solche große Hochzeiten oft eine bloße Geldspekulation. Auch die sogenannten Erdbiere gehören zu den, freilich traurigen, Festmahlen unserer Bauersleute. Insonderheit machen die Fehmeraner oft übermäßigen Aufwand dabei, so wie dieses Völkchen denn überhaupt auf dergleichen Feierlichkeiten besonders hält, und sich dabei keine Kosten verdrießen läßt.

Obgleich die Regierung aus sehr triftigen Beweggründen, durch wiederholte Verordnungen, dem Unwesen der hier vornämlich noch in der Probstei, in der Landschaft Osterland Föhr, in Fehmern, herrschenden, für die so wichtige, weibliche Schaamhaftigkeit und auch sonst noch in mehrerer Hinsicht höchst nachtheilige Sitte des Fensterns abzuhelfen gesucht: so haben jene Machtsprüche bis dahin doch nur geringen Erfolg gezeigt. Dieses Fenstern in der Probstei, na'n Deerensgahn genannt — ist das, was in der Schweiz den Namen Kiltgang, in den Dörfern um Bregenz den Namen Fügen führt. Diese Sitte besteht in dem Gebrauche, daß die jungen Mannspersonen bei unverheiratheten Frauenzimmern nächtliche Besuche machen; sie geschehen durch das Fenster in die Schlafkammer der Mädchen, welche gewöhnlich zur Seite neben der sogenannten Döns befindlich ist, und von gefälligen Müttern den Töchtern eingeräumt wird. Eine solche auffallende und abscheuliche Gewohnheit dürfte hier nur dann erst ganz abgestellt werden, wenn Unterricht und Erziehung sich es auch eifriger angelegen seyn ließen, das sittliche Gefühl der Kinder recht zu schärfen, und sie das Glück eines reinen Herzens, wie die sittliche Wichtigkeit einer edlen Schaamhaftigkeit recht innig fühlen zu lehren. —

Das Besuchen der Krüge und Schenkhäuser ist dem Schleswig-Holsteinischen Landmanne nicht so eigen, wie den Bauern verschiedener andern Gegenden. Bei den hier Statt findenden Jahrmärkten geht es zwar auch zuweilen bunt genug her, doch kann man sich im Ganzen über häufig vorfallende Unregelmäßigkeiten nicht beklagen. Eben dasselbe gilt von den Ernte-Rapsbieren ꝛc.

Dritter Abschnitt.

Vertheilung des Grund und Bodens, Lasten und Abgaben der Besitzungen.

Die Herzogthümer Schleswig und Holstein sind in Güter-Distrikte, Aemter und Landschaften eingetheilt. Der größte Theil der adeligen Güter liegt im östlichen Theile der Herzogthümer, der mittlere Theil ist weniger reich daran, und in den Marschen findet man nur sehr wenige. In der Vorzeit hat der Adel sich meistens auf den besten Landflecken ansässig gemacht. Die Aemter sind um so fruchtbarer, je näher sie der Ostsee liegen, indeß befindet sich der größte Theil derselben inmitten des Landes. Die Marschen bestehen in der Regel aus Landschaften.

Der Grund und Boden ist hauptsächlich unter Bauern und Gutsbesitzern vertheilt. Die Bauerhöfe haben entweder volles Eigenthumsrecht, und heißen dann Bondehufen, oder ihre Besitzer sind bloße Nutznießer, und man bezeichnet sie sodann mit dem Namen Festehufen. Zum größten Theile werden die Bauergüter von ihren Besitzern selbst bewirthschaftet; die vormals Leibeigenen, nunmehr freigelassenen Untergehörigen der adeligen Güter sind indeß meistens nur Pächter der Hofbesitzer, deren Eigenthum die Hufen verbleiben. Die Größe des Areals der Bauernhufen ist sehr verschieden; man hat sie von 20 bis 250 Tonnen à 240 Q. Ruthen Hamburg. Maaßes (oder ohngefähr 2 Berliner Morgen à 180 Q.Fuß.

Leider! ist bei den Bauerhöfen wie bei den adeligen Gütern die Lage der Ländereien oft der zweckmäßigen Bewirthschaftung sehr hinderlich. In ihrer Verkehrtheit kann man den Einfluß der Vorzeiten nicht verkennen. Die Geschichte lehrt uns, daß unsere Vorfahren sich meistens zuerst da ansiedelten und Dörfer bauten, wo sie in den Wäldern einen freien Platz fanden. Wurden diese allgemach in ihrem Umkreise gelichtet, so machte man zwar mit der Zeit selbst die entferntern Flächen urbar, ließ aber doch gemeiniglich, vielleicht aus Furcht vor den Seeräubern, welche die Meere und Meerbusen durchschwärmten, am Strande einen dichten Waldgürtel stehen, woraus denn späterhin für die Bewohner der Stranddörfer, in deren Nähe jetzt keine Waldungen mehr vorhanden, die Unbequemlichkeit entstand, daß sie ihre Ländereien in weiter Entfernung von ihren Wohnungen liegen bekamen. Doch auch in der Mitte des Landes findet man diese Fehler oft gemacht. — Der Adel bauete nicht, wie in Deutschland, seine Haupthöfe auf hohen Felsen, sondern in Morästen an, sich gegen die Gefahren eines Ueberfalls zu schützen. — Hätten unsere Vorfahren das Interesse des Ackerbaues richtig beachtet und verstanden: so würde jener Uebelstand dadurch, daß die Hälfte der Einwohner auf das entferntere Land ausgebaut hätte, schon bei Einkoppelung der Felder gehoben worden seyn. Dieses Verfahren fand aber erst in der Mitte des achtzehnten Jahrhunderts Statt, nachdem sich die Gesetzgebung der Sache ernstlich angenommen. Sehr mangelhaft freilich geschah noch Alles. Zu jeder Parcellirung wird hier erst ein Consens, und zu dem Ende eine kostbare Localbesichtigung von Seiten der Landesbehörde erforderlich. Diese Weitläuftigkeiten und das Kostspielige derselben hat natürlicher Weise nicht wenige kleinere und größere

Landtausche verhindert. — Daß es oft den Untergang unserer Bauern nicht wenig fördern hilft, wenn die Ländereien ihrer Besitzungen halbe Stunden weit und darüber von ihren Wohnungen entfernt, zerstreut umherliegen, ist wohl eine ausgemachte Sache. Bei solchem Mißstande folgt ein Uebel immer aus dem andern; die Zeit geht auf den langen Feldwegen verloren, und es muß deshalb mehr Zugvieh, so wie mehr Dienstvolk gehalten werden, als sonst nöthig wäre; die Aufsicht wird unnöthiger Weise erschwert; die Wirthschaftskosten zehren das Netto=Provenue auf 2c. — Es wäre jetzt wohl hohe Zeit, daß man daran dächte, den oben gerügten Fehler unserer Vorfahren, zum großen Vortheile unserer Landwirthschaft, durchgängig verbessern zu helfen! —

Die adeligen Güter, deren es in beiden Herzogthümern 251 giebt, befinden sich jetzt zum großen Theile in den Händen von Bürgerlichen. Ihre Größe ist auch sehr verschieden; sie varrirt zwischen 200 bis 1000 und mehreren Tonnen urbaren Acker= und Wiesenlandes. Nach Aufhebung der Leibeigenschaft sind, da manche Güter=Wirthschaften zu groß waren, um der Hofdienste entbehren zu können, von den größern mehrere, kleinere und bedeutendere Meierhöfe abgelegt, wozu denn auch oft ein Theil des Bauernfeldes geworfen ward. Daher haben wir denn so viele Pachthöfe, welches früher die Cultur unserer Landwirthschaft nicht wenig befördert, und solches noch in einem weit höhern Grade thun würde, wenn meistens nicht der Pachtjahre zu wenige wären, um radicale Grundverbesserungen mit Gewinn vornehmen zu können; auch sitzen die Pächter, welche größtentheils auf öffentlicher Licitation gehäuert, in der Regel auf einer zu hohen Pacht, als daß sie ihren Flug etwas höher wagen dürften, ohne befürchten zu müssen, mit verbrannten Flügeln wieder herabzusinken. — Was Abgaben

gaben und Leistungen an den Staat betrifft: so muß hier der Stammhof für die gesammte Pflugzahl des Guts, mit Inbegriff der Meierhöfe und Untergehörigen haften. Der uralte Steuerfuß des Landes, welcher vormals ein Gegenstand der Berathungen des Landtages war, ist nach Pflügen bestimmt. In den Gütern sind die Abgaben eines jeden Pfluges zu 28 Rthlr. unter dem Namen Contribution festgesetzt; in den Aemtern zu circa 24 bis 28 Rthlr. à Pflug. Unter dem Namen von Pflicht- und Schulkorngeldern, auch unter andern verschiedenen Benennungen bezahlen die Bauern überdies beinahe eben so viel; auch leisten sie in Friedenszeiten die öffentlichen Fuhren einseitig, liefern in die Königlichen Magazine 1 Tonne Rocken, 1 Tonne Hafer, 900 bis 1200 Fuder Heu, nebst 720 bis 960 Pfund Stroh à Pflug. In Kriegszeiten werden die außerordentlichen Bedürfnisse für die Magazine gleichmäßig über das ganze Land nach Pflugzahl repartirt. Ganz genau und allgemein passend läßt sich eigentlich das Areal eines Pfluges, weil es zu sehr in seiner Größe variirt, nicht bestimmen; indeß kann man im Durchschnitt wohl 60 bis 100 Tonnen rechnen. Sind auch einzelne Pflüge auf 36 bis 40 Tonnen beschränkt: so begreifen wiederum doch andere eine Landfläche von 120 und mehreren Tonnen. — Der Korn- und Viehzehnten an die Geistlichkeit ist, Gott sei Dank! bis dahin in den Herzogthümern weniger drückend, als in Dännemark gewesen. Das Quantum der Zehnten ist größtentheils bestimmt, und wird an einigen Orten in Naturalien, an andere in Geld entrichtet. —

Nachdem der alte Contributionsfuß vermöge der Vergrößerung mancher Besitzungen durch Waldausrottung und Urbarmachuug, so wie überhaupt der Veränderung des gegenseitigen Verhältnisses der urbaren Flächen, zu einem sehr ungleichen Maaßstabe für die Besteuerung geworden; ward im Jahre 1802 die sogenannte Landsteuer eingeführt, damit die steigenden Bedürfnisse des Staats auf eine gleichförmigere Weise vertheilt werden dürften. Dieser Steuer, die nach Tonnenzahl, mit besonderer Rücksicht auf den höhern oder geringern Werth des Bodens erlegt werden sollte, wurde alles urbare Land unterzogen. Auf eine Steuertonne rechnete man 260 Q. Ruthen hamburgischen Maaßes. Das Minimum des Werthes ward angenommen zu 25 Rthlr.; das Maximum auf der Geest zu 100 Rthlr.; in den Marschen zu 150 Rthlr. à Tonne. Mehrere Abstufungen von $37\frac{1}{2}$ bis 50 — $62\frac{1}{2}$ bis 75 — $87\frac{1}{2}$ u. s. w. liegen zwischen diesen Extremen. Zwar blieben die Hölzungen und das Moorland steuerfrei, erhöheten aber den Werth des urbaren Landes um einen Grad. Jetzt beläuft sich diese Steuer auf 20 Schilling Courant auf jedes 100 Rthlr. des Steuerwerthes. Ein solcher Steuerfuß hätte allerdings von der billigsten Art werden können, wenn die Taxation sämmtlicher Ländereien von Einer, aus umsichtsvollen Männern bestehenden, Commission beschafft worden wäre; da dies aber nicht der Fall, vielmehr der Commissionen sehr viele Statt fanden, und diese in der Regel ganz verschiedene, von einander abweichende Ansichten hatten: so entstand ein höchst ungleiches Verhältniß der Werthsbestimmung, welches insonderheit für die Güter nicht wenig drückend ward. — Im Jahre 1813 folgte den besprochenen Abgaben die Bankhaft, vermöge welcher der Staat sich in jedem Grundeigenthum, zur Fundation der Reichsbank, in erster Hypothek, ein Pfandrecht auf 6 Prozent des Nennwerthes, deren Betrag jährlich an die Reichsbank mit $6\frac{1}{2}$ Prozent verzinset werden muß, sicherte. —

Vierter Abschnitt.

Gebäulichkeiten und häusliche Einrichtungen.

Die Bauart in den verschiedenen Theilen der Herzogthümer weicht auf eine sehr auffallende Weise von einander ab, und deutet auch auf eine verschiedene Abstammung merklich hin. Die Holsteinischen Bauerhäuser und die ländlichen Wohnungen im südlichen Schleswig bis an die Schlei haben keine Schornsteine. Auf der großen Diele, wo das Korn gedroschen und das Vieh an beide Seiten im Winter aufgestellt wird, befindet sich der Feuerheerd. Der Rauch nimmt bei dieser Bauart seinen Ausgang durch die Thüren. — Die, zu den adeligen Güterdistrikten gehörenden, Bauerhäuser haben zum größten Theile das armseligste und verfallenste Ansehen. Ihre Mauern bestehen meistens aus Bindwerk, sind aber auch Theilweise von Lehm aufgeführt. Mich dünkt, daß letztere Bauart, wovon man im Altenburgischen so viel hält, hier mehr in Aufnahme kommen sollte. Es kommt nur darauf an, um etwas Vollkommnes zu erlangen, sich mit dem richtigen Verfahren bekannter zu machen.

So wie man das jenseitige Ufer der Schlei erreicht, wo die Sprache ein Gemisch von Deutsch und Dänisch wird, bemerkt man eine auffallende Veränderung in der Bauart. Im Lande Angeln findet man kein Bauerhaus mehr ohne Schornstein. Das Hauptgebäude enthält gewöhnlich das Wohnhaus, nebst Kuh- und Pferdestall. Nur die Bauerhöfe, welche ganz in neuester Zeit erbaut, haben mehr hof-mäßig aufgeführte Gebäulichkeiten.

Die Wohnung des Bauern wird, bei jener Bauart, durch eine Durchfahrt von den Ställen getrennt. Neun Fächer sind in der Regel zur Wohngelegenheit, 6—7 Fächer zu den Ställen, worin auch die Dreschtenne befindlich, eingerichtet. Die Scheunen liegen meistens regellos um den Hof herum. — Im Innern der Angler Bauerhäuser herrscht durchgehends viele Nettigkeit und Sauberkeit. Vor allen ist die sogenannte Pesel als Saal und Prunkstube des Hauses bemerkenswerth. Hier werden in vielen buntbemalten Laden und Kisten der Hausfrauen Schätze an Linnen, flächsenen und wollenen Zeugen, welche oft von der Urmutter auf die Enkelin unbenutzt forterben, aufbewahrt. Außerdem prangt dort das kostbarste Hausgeräthe, oft wunderlich durcheinander zusammengestellt. Viele Hausmütter entschließen sich nur bei besonders festlichen Gelegenheiten, ihr Staatszimmer den sich versammelnden Gästen Preis zu geben. Selbst das tägliche Wohnzimmer ist in der Regel hell und geräumig, welches auch besonders nothwendig, weil es zugleich als Schlafkammer dient. Allgemein sind in den Wänden Bettschränke, welche bei Tage zugeschoben werden.

Die Einrichtung der Bauerhäuser auf der Insel Fehmern ist nicht völlig so bequem und angenehm. Diese haben hinter der geräumigen und meistens sehr hohen Vordiele, dem Eingang gegenüber, einen großen und eben so hohen Saal, de Döns genannt, mit an den Boden hinaufreichenden Fenstern, welche aus sehr kleinen und zum Theil gefärbten Glasscheiben bestehen, die in Blei gefaßt sind. Hier ist kein Ofen, weshalb denn der Saal, den Winter über, auch nicht benutzt werden kann. Die gewöhnlichsten Verzierungen desselben machen eine sehr vielfarbige Mahlerei aus, welche insonderheit an der Decke des Zimmers sehr reichlich angebracht zu seyn pflegt; sehr große und hohe Schränke; ein großer Tisch von Marmor; ein runder Spiegel in einem sehr künstlich geschnitzten Rahmen; und endlich die sehr hoch an den Wänden aufgestellten Schüsseln und Kannen von Zinn. An jeder Seite der Döns liegt insgemein ein Kämmerchen, wovon das Eine gewöhnlich der Tochter des Hauses zur Begünstigung jener frivolen Landessitte, wovon im vorigen Abschnitte die Rede war, eingeräumt ist. Gegen Süden befindet sich das enge niedrige Wohnzimmer, zu beiden Seiten der Vordiele noch eine kleine enge Fremdenstube, eine Küche, Speisekammer, Logis für das Gesinde, und dicht neben der Hausthüre ein Raum, wo der Backofen steht. In den meisten Häusern ist Kellerraum und Speichergelegenheit. — In den Wohnzimmern der Fehmeraner herrscht durchgehends eine sehr verderbte, und der Gesundheit höchst nachtheilige Atmosphäre. Dies kann bei ihrer Enge und Niedrigkeit, den durchgehends gewöhnlichen und, bei dem Gebrauche des Bohnen- und Erbsenstrohes unentbehrlichen, blinden Oefen, und der großen Abneigung der Einwohner, durch Oeffnung des Fensters oder sonst der frischen Luft den nöthigen Zugang zu verschaffen, nicht wohl anders der Fall seyn. Höchst sonderbar sticht die, bei der täglichen Art zu wohnen angebrachte, Sparsamkeit gegen die, bei Anlegung des großen Saals und der Vordiele herrschende, Verschwendung ab, welche nur dazu dient, der Eitelkeit einige seltene Opfer zu bringen.

Im nördlichern Schleswig werden die Gebäude merklich schmäler, als man sie an der östlichen Seite des Herzogthums findet. Zuletzt haben sie nur noch eine Breite von 12 und 14 Ellen, bis die Bauart allmählig ganz in die dänische übergeht.

Im westlichen Theile des Herzogthums Schleswig bilden die meisten Höfe ein geschlossenes Viereck. Diese Bauart, welche sich durch ihre Solidität auszeichnet, und in freien, den westlichen Stürmen sehr ausgesetzten Ebenen wohl am zweckmäßigsten seyn möchte, ist wahrscheinlich friesischer Abstammung. In Einem Flügel sind die Wohngelegenheiten, in dem andern die Vieh- und Pferdeställe; nebst der Tenne, die Heu- und Kornbansen, Wagenremise, Feuerunggelegenheit ꝛc. enthalten.

Im Eiderstädtischen, wo die mehrsten Höfe, mit dem dazu gehörigen Lande umgeben, einzeln zerstreut liegen, sind die meisten Gebäude — wegen der dort so großen Kostbarkeit des Holzes — von Brandmauern, oft nur von ungebrannten, bloß getrockneten, sogenannten Bleichsteinen aufgeführt. Nur die kleinen Wohnungen der Eigenthumslosen, die weder Land noch Vieh besitzen, werden Häuser; die größeren, in welchen Abtheilungen für's Vieh sind, auch etwa eine Dreschtenne befindlich, Milchereien; die großen Gebäude der Hausleute, Hau- oder Heuberge genannt. Man sagt, daß sie diesen Namen in jener Zeit erhalten, als die Anbauer nur bloß, oder doch vorzüglich Heu von ihrem Lande bergen konnten. In der Mitte der Heuberge ist noch jetzt ein 20 bis 30 Fuß ins Gevierte haltender Raum, aus bloßem Gebälke bis unters Dach aufgeführt, welcher ehemals zur Aufbewahrung des Heues, jetzt aber vornämlich zum Kornmagazine bestimmt ist, und von seiner Figur den Namen Vierkant erhalten hat. Er ist von vier andern länglichen Vierecken umschlossen. Das vorderste derselben, gegen Süden liegend, enthält das aus drei, vier bis fünf Zimmern bestehende Wohnhaus, in welchem sich die größte Stube, die sogenannte Pesel oder Pisel, die gewöhnlich bloß zum Sommeraufenthalte eingerichtet ist, auszeichnet. Das östliche Viereck, die Boos, und zum Theil auch das nördliche Viereck, die Querboos, dienen zu Viehställen; sie sind, wie die Pferdeställe, in besondere Standplätze, meistens mit starken Eichenbohlen, ausgedielt, jedes zu 2 Stück Vieh abgetheilt, und der Länge nach mit zwei Rinnen zur Reinigung des Stalles versehen. In der sogenannten Loa, dem westlichen Viereck, welches nur mit einer großen Thüre versehen ist, findet man die Dreschtenne. Sie dient im Sommer als Wagenremise, und giebt auch bei festlicher Veranlassung das Tanzlokale ab.

Diese Bauart trägt noch sehr merklich das Gepräge des Alterthums, und die Spuren der anfänglichen Entstehung der hiesigen Wohnplätze. Die ersten Anbauer führten, sich gegen Ueberschwemmungen zu sichern, ihre Häuser auf sogenannte Warfen (Werften, Würthen, Toften, wie sie in andern Gegenden heißen), d. i. auf natürliche oder künstlich aufgeführte Hügel auf, sie mit sogenannten Graften (16 bis 24 Fuß breiten, sehr tiefen Graben) zur Sicherung gegen Feuchtigkeit und Wassermangel, umschließend. Dermalen, wo durch den vervollkommneten Deichbau, die Ursachen jener Einrichtung zum größten Theile weggefallen sind, erkennt und fühlt man auch ihre mindere Zweckmäßigkeit. Die Gebäude sind, wenigstens zum Kornbau, zu weit eingeschränkt, und in den mehrsten Jahren wird der Hausmann genöthigt, einen großen Theil seines Vorraths in mächtige Haufen, sogenannte Klothen, oft von 30 Fuß Länge, 8 bis 10 Fuß Breite und 20 Fuß Höhe, die gewöhnlich mit Balken und Brettern gegen den Umsturz gesichert werden, aufzustapeln. —

Im Innern der Eiderstädtischen Bauerhäuser, so wie überhaupt in den Wohnungen der Marschbewohner, zeigt sich, im Ganzen genommen, eine weit größere Eleganz, als in den Wohnhäusern unserer Geestbauern. Dasselbe gilt auch von den Häusern mehrerer Inselbewohner, z. B. den Osterlandföhrern ꝛc.

Fünfter Abschnitt.

Ackergeräthe.

Der Pflug.

Dieser ist sehr verschieden construirt. Am einfachsten möchte wohl derjenige gebaut seyn, dessen man sich in den östlichen Theilen der Herzogthümer bedient. Wir umgehen eine ausführliche Beschreibung desselben, da wir dem Leser nur Bekanntes sagen könnten. Es ist ein gewöhnlicher Räderpflug, dessen tiefere und flachere Richtung entweder durch Verkürzung und Verlängerung des Pflugbaums, oder mittelst der Sterz- und Griessäul-Keile modificirt wird. In neuern Zeiten hat man, das Stellen auf schmälern oder breitern Furchen zu erleichtern, einen halben Mond neben dem Langeisen angebracht, auch ist das Rüsterbrett allgemein mit einem krumm ausgeschweiften Eisen versehen worden, um das gehörige Umlegen der Furchen zu bewerkstelligen. Wegen seiner ausnehmenden Schwere ist des Fehmerschen Pfluges Erwähnung zu thun. Er wird gewöhnlich von sechs, und nicht selten von 8 Pferden gezogen. Seine Räder sind von ungleichem Durchmesser, um beim Pflügen die horizontale Bewegung des Pflugeisens so wenig als möglich zu verändern. Räder, Pflughaupt und Streichbrett sind mit Eisen belegt, und am Vordertheile des Pfluges, oberhalb der Räder, ist eine Art von Gerüste angebracht, dort der Kaak genannt, an welchen die beiden vordersten Pferde, durch deren Führung der Pflugtreiber den richtigen Gang des Pfluges hauptsächlich in seiner Gewalt hat, gespannt werden. Der Deichsel, woran die übrigen Pferde ziehen, sind mit der, in der Mitte des Vordergestelles angebrachten hölzernen Zunge verbunden. Das Stellen des Pfluges wird nicht durch Verlängerung oder Verkürzung des Pflugbaums, sondern durch Richtung der Griessäule bewerkstelligt, mithin der Nachtheil vermieden, daß die richtige Zuglinie verändert, und der Gang des Pfluges erschwert wird.

Dem Leser, auch ohne Hinzufügung einer genauen Zeichnung, einen anschaulichern Begriff von dem Ganzen sowohl, als seinen einzelnen Theilen zu machen, lassen wir noch folgende genauere Angabe der Verhältnisse dieses Werkzeuges folgen:

	Fuß	Zoll
Länge des Pflugbaums . . .	10	8
Höhe der Griessäule	1	1
Länge des Pflughauptes . . .	2	2
Entfernung des Messers von dem Obertheile der Griessäule	1	3
Länge des gebogenen Messers . .	1	6
Dicke desselben am Rücken . .	—	$1\frac{3}{4}$
Länge der Pflugschaar bis zum Anfange des Streichbrettes . . .	—	9
Hintere Breite desselben . . .	—	9
Länge des Streichbrettes nach unten .	3	8
Nach oben	3	11
Höhe desselben	1	2

	Fuß	Zoll
Entfernung desselben nach hinten von dem gegenüber stehenden Pflugsterz .	2	1
Länge der gebogenen Sterze . .	4	6
Halbmesser des Rades an der Landseite	—	$7\frac{1}{2}$
An der Furchseite . . .	—	$10\frac{1}{2}$
Höhe des Vordergestelles über die Axe der Räder, oder der sogenannten Büchse	—	5
Höhe des sogenannten Kaaks von der Erde	3	—
Länge der Deichsel	13	—
Länge der hölzernen Zunge . .	1	10

Die Schwerfälligkeit dieses Werkzeuges ergiebt sich schon von selbst, aus der geringen Höhe der Räder, aus der Länge des Kopfes, des Streichbrettes, Länge und Stärke des Pflugbaums u. s. w. Nicht allein die durch die Länge des Hauptes und Rüsterbrettes verursachte Reibung, sondern die, eine gleiche Wirkung hervorbringende, Lage des Streichbrettes gegen die Pflugschaar, mit welcher dasselbe einen starken Winkel macht, anstatt eine allmählig gebogene Linie zu bilden, erschwert die Bewegung des Pfluges ungemein. Mag man ihm auch einen gleichen und stetigen Gang nachrühmen: uns will doch bedünken, daß die größere Anzahl der Pflugpferde (deren kostbare Haltung bei einem pro und contra auch sehr in Betracht kommen dürfte) der gleichförmigen und ununterbrochenen Bewegung des Pfluges, so wie der bequemern Umwendung desselben, sehr nachtheilig ist, und eben dadurch schon zum Theil der Zweck der von dem schweren Instrumente gehofften Erleichterung der Arbeit vereitelt wird.

Den Fehmeranern möchten, da ihr Boden weder zähe, noch mit häufigen Steinen vermischt ist, Pflüge ohne Räder, insonderheit die sogenannten Kettenpflüge, welche bequem von zwei Pferden gezogen werden, auch den Pflugtreiber entbehrlich machen, und wodurch man den Zweck der Pflugarbeit bis auf einen hohen Grad der Vollkommenheit erreichen kann, zu empfehlen seyn.

Im nördlichen Schleswig, von Apenrade bis an die jütländische Grenze hat man eiserne Hinterpflüge; Streichbrett, Griessäule und der einfache Sterz sind an dem eisernen Pflughaupt festgeschroben. Das Streichbrett ist mit einer eisernen Platte belegt, und eine platte eiserne Stange, von der Höhe eines Pflughauptes, an der Landseite befestigt; jene ist, wie auf dem Schmallschen Pfluge, gebogen und ausgeschweift. Wenn gleich dieser Pflug an Gewicht schwerer, als ein hölzerner seyn dürfte, so ist doch der Vortheil bei demselben, daß er, da er sich in der Erde weniger reibt als ein hölzerner, viel leichter zu ziehen ist. Die Stellung des Pfluges ist mit keinen Schwierigkeiten verknüpft, und daher steht seiner weitern Verbreitung nichts entgegen. Auch der Marschpflug ist stark, wenn gleich schwerfällig construirt. Bei einem großen Theile unserer Landwirthe herrscht die Meinung, daß je schwerer der Boden sei, um desto solider auch die Ackerwerkzeuge seyn müßten. Bei dem Pfluge läßt sich dies doch wohl nicht so durchaus annehmen; hier hängt es nicht so sehr von der Masse als von der Güte des Materials, einem angemessenen Bau, und dem richtigen Verhältnisse der Theile gegen einander ab. Uebrigens hat der Marschpflug vor unsern gewöhnlichen hölzernen Pflügen entschiedene Vortheile. Seine Construktion besteht hauptsächlich darin, daß das Streichbrett sehr lang und geschweift, und mit einer starken Eisenplatte belegt ist; das Langeisen mittelst eines halben Mondes links oder rechts gerichtet; die flächere oder tiefere Stellung durch Verkürzung oder Verlängerung des Baums bewirkt wird; daß man vorne an der Pflugzunge eine Vorrichtung angebracht hat, wodurch mittelst Umsteckung eines Stellungsbügels rechts oder links, die Zuglinie verändert, und die Pflugräder mehr nach der einen oder andern Seite gedrängt werden können, was besonders beim Abpflügen der Grabekanten sehr zu Statten kommt.

Die Geestbewohner an den Marschgrenzen haben sich nach dem Muster dieses Pfluges Pflüge gebildet, deren Construktion im Wesentlichen mit der Bauart von jenem zusammentrifft, nur daß sie, da ihr Boden weit leichter zu bearbeiten ist, von leichterer Beschaffenheit sind.

Die Egge.

Die hölzernen Eggen sind gewöhnlich nur für ein Pferd eingerichtet, die eisernen für ein, zwei bis vier. Die gewöhnlichen eisernen Eggen für ein Pferd haben 3 — 4 Balken von 6 — 7 Fuß Länge, 3 — 4 Zoll Breite und 2 — $2\frac{1}{2}$ Zoll Dicke, an deren beiden Enden zwei viereckige Ringe befestigt sind, um sie vor Spaltungen zu sichern. In jedem Balken sind 9 bis 10 Zinken geschlagen. Die Eggescheiden haben eine Länge von 4 — 5 Fuß, sind 2 — 3 Zoll breit und $\frac{1}{2}$ — $\frac{3}{4}$ Zoll dick. — Die großen Eggen, welche von vier Pferden gezogen werden, nennt man Both-Eggen; sie werden zum Zerreissen der noch ganzen Furchen gebraucht, und man nennt diese Arbeit Bothen. Nächstdem vollenden kleine eiserne oder hölzerne Eggen die Pulverisirung des Erdreichs. Sogenannte Gliedereggen, vermöge welcher das Zermalmen der Erdschollen ungemein erleichtert, und überhaupt das ganze Geschäft des Eggens weit besser vollführt wird, sind hier nur einzeln gebräuchlich.

Die Walze.

Diese ist in der Regel rund, ohngefähr 12 — 14 Fuß lang und an beiden Enden mit eisernen Ringen beschlagen. Vorn und hinten befinden sich zwei leichte Balken oder Bäume, und an beiden Enden die Krümmel, worin erstere befestigt sind, und worin die Walze um zwei in den Enden sitzende, eiserne Zapfen rundläuft. An dem vordersten Balken ist der Deichsel mit seinen beiden Armen eingelassen.

Die achteckigen Walzen, welche das Zermalmen der Erdklöße weit besser beschaffen, sind im Schleswig-Holsteinischen nicht sehr gebräuchlich.

Die im Schleswigschen wenig benutzte, in Holstein aber desto beliebtere, Stachelwalze besteht aus einem zwei Fuß dicken und acht Fuß langen Eichbaumstamme, welcher an seiner ganzen äußern krummen Oberfläche mit 6 bis 7zölligen eisernen, vier Zoll aus der Walze hervorragenden Bolzen mit starken, scharfen Köpfen versehen ist. Ein Junge oder Knabe, der auf dem Sattelpferde sitzt, manövrirt mit der Maschine. Die Ackerbeete werden so lange damit auf und nieder gezogen, bis die großen Mergelstücke durch die hervorragenden Bolzen völlig zerschnitten und zerdrückt worden sind.

Der Wagen.

Im Holsteinischen haben die Wagen allgemein weite, im Schleswigschen enge Spur. Am stärksten sind die Erntewagen, deren Leitern gewöhnlich eine Länge von 14 bis 20 Fuß haben, gebaut. Die sogenannten Blockwagen — welche nur zu Arbeiten des Binnenfeldes da gebraucht werden, wo keine Steinbrücken, das Holz aber nicht rar ist, auch wohl da, wo es mürbe Wiesen giebt — haben breitere Felgen, und sind nicht beschlagen. — Im nördlichen Schleswig findet man mitunter die Wagen zum täglichen Gebrauch mit Brettern ausgeschlagen.

Der Karren,

deren es ein= und zweispännige giebt, bedient man sich in den Herzogthümern am häufigsten zum Mergel= und Madefahren. Die Kasten sind in der Regel 5 Fuß lang, 3 Fuß breit und 1½ Fuß hoch, so daß ihr kubischer Inhalt 22½ Kubikfuß beträgt. Hinterstell und Kasten ruhen auf zwei unbeschlagenen, breitfelgigen Blockrädern, um bei nasser Witterung das tiefe Einspuren zu verhindern.

Der Schubkarren

hat hier in seiner Construktion nichts Eigenthümliches, und wird bei der eigentlichen Feldwirthschaft wenig benutzt. Es scheint mir, daß man dieses einrädrige Fuhrwerk zu tief in seinem Werthe herabsetze, wenigstens dürfte dasselbe, wenn man ihm einige nothwendige Verbesserungen gäbe, gar wohl zu mancher Verrichtung, welche man gewohnt ist, mit Pferde und Wagen zu machen, z. B. das Einholen grünen Futters aller Art vom Felde ꝛc., viel besser geeignet seyn, als man sich vorzustellen beliebt. Der selige Buschendorf, welchem die Landwirthschaft manche wichtige Verbesserungen verdankt, hat vor längerer Zeit Verbesserungen des Schubkarrens angegeben, welche, so zweckmäßig sie sind, wenig bekannt geworden zu seyn scheinen. Es ist vielleicht nicht übel angebracht, dieselben wieder ins Gedächtniß zurückzurufen; möglich, daß der eine oder andere Lust bekommt, seine Schubkarren nach folgendem Modell umzuformen.

Die Bäume an dem Buschendorfschen Fuhrwerke sind mäßig gebogen, so daß sie nicht über acht Zoll vom Boden erhoben werden, wenn der Karren von einer Person mittler Größe angefaßt und gefahren wird. Dadurch hat man Raum für eine große Ladung, ohne daß ein höherer Aufbau nöthig wird. Auch kommt der Schwerpunkt der Masse nicht zu sehr in die Höhe, wodurch leicht ein Schwanken verursacht würde. Von der ersten Schwinge bis zum Handgriffe sind die Bäume um eine Spanne länger als gewöhnlich. Dadurch hat die fahrende Person genugsam Raum zum Gehen, und die Last liegt ihr auch nicht zu nahe, und beschwert also weniger ihre tragenden Schultern. Die Bäume gehen ferner ein gutes Theil noch über das Rad hinaus, wo sie ebenfalls, wie vor dem Rade, mit Querschwingen verbunden sind, und so den vorhin gesuchten Platz für eine hinlänglich wichtige Gegenladung abgeben. Die Hörner biegen sich mit dem vordern Ende in die Bäume wieder nieder, und bilden so einen Bogen über das Rad, welcher ebenfalls mit einigen Querschwingen verbunden und mit dünnen Langspähnen überlegt ist. Das Rad selbst hat einen breiten aber nicht dicken Kranz, und ist mit einem eben so breiten eisernen Reifen, statt des Schienenbeschlages, umgeben, denn auch die Rade- oder Nagelkuppen machen Verhinderung und verursachen auf hartem Wege unangenehmes Erschüttern. Ueber den Achsenzapfen der Radwelle sind kleine Löcher in die Bäume gebohrt, durch welche man den Zapfen die nöthige Schmiere zukommen lassen kann. Vorn haben die Bäume statt der Füße kleine Rollräder, welche mittelst eisernen Achsen zwischen eisernen, an den Bäumen befestigten, Gabeln laufen. Ist die fahrende Person sehr ermüdet, so kann sie sich Erleichterung verschaffen, wenn sie den Karren, falls es nur die Beschaffenheit des Weges gestattet, auf diesen Rädern laufen läßt. Auch bei sehr großen Lasten, welche die Schultern zu sehr drücken würden, werden diese Rollen von großem Nutzen seyn. Statt zu tragen und zu schieben, und über die Stellen des Weges die den Gebrauch dieser Räder nicht erlauben, wird er, da er bisher nicht so sehr ermüdete, die Last auf die gewöhnliche Art durch Tragen und Schieben schon hinüber bringen können. — Will man, so kann man auch noch den Raum zu beiden Seiten des Hauptrades nützen, wenn man dieses nur mit einem schmalen Boden bedeckt und diesen stehenden Bogen auf den Seiten so vermacht, daß nichts von der Ladung an das Rad kommen, und durch Anreibung zwischen den Speichen dessen freien Umlauf hindern kann.

Kleine Geräthe.

Der Spaden ist hier verschieden construirt. Man benutzt den holsteinischen und mecklenburgischen Spaden. Der holsteinische Spaden ist ganz von Eisen, unten ründlich zugespitzt und geschärft, wird oben stärker und läuft dort in vier Spalten aus, worin das Spadholz befestigt wird. Oben auf dem Spaden, an beiden Seiten des Stiels, sind zwei ziemlich dicke Eisen, welche dazu dienen, daß der Gräber seinen Fuß, um den Spaden niederzudrücken, darauf setzen kann. — Der mecklenburgische Spaden ist zwar wie der holsteinische bis auf das Spadholz ganz von Eisen, unterscheidet sich aber dadurch von diesem, daß er unten so breit, wie oben, mithin zur leichten Ueberwindung eines jeden Widerstandes minder geschickt, allein desto besser geeignet ist, eine größere Masse auf einmal damit herauszugraben und emporzuheben. Das letztere desto besser zu können, ist daher häufig auf dem Spadholze nach oben zu ein hölzerner Handgriff angebracht.

Zum Ausschaufeln der losen Erde beim Graben, und zum Aufladen von Sand, Moder u. dgl. wird die Brettschaufel benutzt. Sie besteht hier aus einem dünnen aber starken Brette, gewöhnlich von Buchenholz, das 10—12 Zoll breit, 14 — 16 Zoll lang, und am hintern Ende zugespitzt ist. Daselbst befindet sich, einige Zoll von der Spitze, ein viereckiges Loch, worin der Stiel, gewöhnlich von Weidenholz, in schräger Richtung sitzt. Vermittelst eines hölzernen Keiles, der zwischen der Spitze des Brettes und des Stieles eingepaßt und durch einen eisernen Nagel befestigt wird, erhält der Stiel Haltung und Festigkeit. Voran ist die Schaufel in der Regel mit geschärftem Eisen beschlagen.

Die Hacke, deren man sich insonderheit zum Loshacken des Mergels bedient, hat einen zwei Fuß langen, sehr starken, vorne mit Stahl belegten eisernen Arm, der vorne etwas löffelförmig breiter wird. Am andern Ende des Arms befindet sich ein starkes, mit einer dicken Platte belegtes Ohr, durch welches der Stiel oder Helm geht, der oben mit starken eisernen Schienen, die durch das Ohr gehen, und da einen Vorsatz haben, beschlagen ist. Vermöge der Schienen wird verhindert, daß der Helm nicht bricht und die Hacke nicht vom Helme weicht.

Heugabeln, Misthaken, Sensen &c. sind Geräthe, die im Schleswig-Holsteinischen durchaus nichts Abweichendes haben; von einigen Ernte- und Dresch-Werkzeugen wird auch seiner Zeit noch Erwähnung gethan werden.

Sechster Abschnitt.

Die Viehzucht.

I. Die Rindviehzucht.

Sehr schätzbar und nützlich ist das Pferd, aber das Rindvieh dem Landmanne noch ungleich mehr. Dem Schleswig-Holsteiner werden insbesondere die Kühe vermöge der Art und Weise, wie er sie benutzt, viel einträglicher, indeß das Pferd nur immer ein nothwendiges Uebel für ihn bleibt. Er nützt aber auch die Kühe auf eine so ausgezeichnete Weise, wie in wenig andern Ländern, und so ist es kein Wunder, daß er, außer dem unschätzbaren Dünger, welcher nach den in vielen Gegenden herrschenden Meinungen der Landleute die Haltung des Rindviehes allein empfehlungswürdig macht, einen Gewinn davon zieht, der dort fremd ist, oder, wenn man lieber will: daß er sich den unentbehrlichen Rindviehdünger wohlfeiler zu verschaffen weiß, als irgend Einer in andern Ländern. —

Man läßt hier die Aufzucht des Rindviehes (worunter hier hauptsächlich Kühe zu verstehen sind, denn Rinder oder Bullen zieht man nur so viel an, als zum Belegen der Kühe, welche die Molkereien [Holländereien] bilden, erforderlich sind) mehrentheils den Bauern, und giebt sich auf den Gütern wenig damit ab. Man hält daselbst vielmehr den Ankauf desjenigen Viehes, welches zur Ergänzung des in in den Holländereien jährlich abgehenden, oder auch zur Vergrößerung dieser erforderlich wird, meistens für vortheilhafter. Zur Rechtfertigung dieser Meinung wird gewöhnlich behauptet:

a) das selbst angezogene Vieh komme, den Durchschnitt mehrerer Jahre genommen, ein Viertheil, auch wohl ein Drittheil höher zu stehen, als das angekaufte;

b) von den selbst aufgezogenen Starken, die um vieles höher zu stehen kämen als die angekauften, schlügen, aller auf sie gewandten Bemühungen und Kosten ungeachtet, manche dennoch nicht ein;

c) örtliche Umstände verhinderten entweder die eigene Aufzucht, oder machten sie doch schwierig und kostbar;

d) die Holländerei-Pächter verständen sich in Ansehung des mit möglichster Sorgfalt angezogenen Viehes doch nicht zu einem Pacht-Quantum, das dem höhern Preise, welcher solches zu stehen komme, gemäß wäre.

Diesem allen steht entgegen:

a) Der Einschuß des für die Holländereien bedürfenden Viehes ist bis jetzt allerdings ein Bedeutendes höher zu stehen gekommen, als wenn man ihn ankaufte; allein dafür auch um so viel besser, wenn man in aller und jeder Hinsicht auf die gehörige Art dabei verfuhr. Die Veredlung des Rindviehes durch zweckmäßige Vermischung mit andern, den örtlichen und sonstigen Umständen angemessenen Raçen; durch sorgfältige Auswahl der Kühe, von welchen man Kälber ansetzt, und der Rinder, von welchen man jene belegen läßt; durch besonders zweckmäßige Nahrung und Behandlung der Kälber und des jungen Viehes ꝛc., kann nur bei eigner Anzucht Statt finden, und so lange man sich mit derselben nicht abgiebt, wird an eine Veredlung des

Holsteinischen Rindviehes, in und durch sich selbst so wenig, als durch die Vermischung mit fremden Racen zu denken seyn.

b) Das selbst aufgezogene Vieh wird schon in früher Jugend mit allen örtlichen Eigenheiten der Futterungs- und Behandlungsweise vertraut, darf sich also nicht erst alsdann, wenn man schon Nutzen davon haben will, daran gewöhnen; wohingegen das hie und da einzeln und von verschiedenen Eigenthümern zusammengekaufte Vieh, das so ungleichartig gehalten wurde, als die Einsichten und Umstände der Eigner desselben, imgleichen die Lokalitäten jeder Gegend, woher es kam, verschieden waren, sich auf eine nicht vortheilhafte Weise erst zu der Zeit daran gewöhnen muß, wo man schon den möglichsten Vortheil davon zu ziehen wünscht.

c) Würde man sich entschließen, zur Anzucht des für die Holländereien jährlich bedürfenden Einschusses, Gebrauch von der Sommerstallfutterung zu machen: so dürfte dann die bessere Qualität desselben sehr leicht mit einem Kostenaufwande erworben werden können, der den Preis des angekauften Viehes, im Durchschnitt genommen, wenigstens nicht überstiege. Eine solche Sommerstallfutterung, die nach den örtlichen Umständen für den ganzen Sommer, oder einen Theil desselben Statt finden könnte, würde auf vielen Holsteinischen Gütern, die ihre Aecker bereits bemergelt haben und dadurch zu einem Ueberfluß von Stroh gelangt sind, den sie kaum in guten Dünger zu verwandeln wissen, dabei mit Wiesen gut versehen sind, um so füglicher auszuführen seyn, als es ihnen leicht werden würde, für dieselbe eine hinreichende Quantität Heues und Strohes während des Winters überzusparen und zurückzulegen, die dann in Verbindung mit zu verschiedenen Zeiten in der Braache gesäetem Mengfutter von Wicken, Gerste, Hafer rc., mit andern Braachfrüchten, mit grünem Klee des ersten und zweiten Schnitts u. s. w., einen Mangel an Futter und Einstreuung unmöglich machen würde. Diese eigene Aufzucht von Hornvieh vermittelst ganzer oder halber Sommer-Stallfutterung würde sodann, bei dem im übrigen richtigen Verfahren, nicht nur besseres Vieh, wenigstens nicht theurer liefern, als das angekaufte seyn kann, sondern auch eine Vermehrung des guten und hinreichend gemoderten, gehörig zersetzten Düngers bewirken.

d) Wenn von dem selbst erzogenen Viehe, aller angewandten Sorgfalt ungeachtet, einzelne Stücke zuweilen nicht einschlagen, so ist dies bei dem angekauften unstreitig noch weit öfter der Fall, wie behutsam und vorsichtig man auch beim Einkaufe seyn mag. Die Auswahl steht überdies nur den ersten Käufern zu, und die letzten müssen mit dem vorlieb nehmen, was jenen nicht gefiel, solches aber dennoch nicht selten eben so theuer, ja theurer bezahlen.

e) Wo örtliche Umstände es unmöglich, mindestens sehr kostbar und schwierig machen, das bedürfende Hornvieh selbst sich zu erziehen, da muß es freilich unterbleiben; allein bei der Ueberzeugung von der Nützlichkeit der Sache, und dem festen ernstlichen Willen, sie in Ausführung zu bringen, lassen sich oft Schwierigkeiten aus dem Wege räumen, die ohne beides unüberwindlich scheinen.

f) Daß endlich die Holländerei-Pächter sich zu einem solchen Pacht-Quantum, welches dem höheren Preise des selbst erzogenen Viehes entspricht, nicht verstehen, ist ein gewiß sehr unerheblicher Einwand; denn in der Regel wird doch für den bessern Viehstapel eine höhere Pacht als für den schlechtern gern und willig erlegt; wäre es aber gegründet, so dürfte höchstens daraus folgen, daß die Verpachtung der Molkereien an sich schon schwer zu rechtfertigen, um so weniger vortheilhaft seyn würde, in desto besserer Verfassung sich der Viehstapel befände.

Da die Kühe auf den hiesigen im Ganzen sehr guten Weiden im Sommer weit mehr Milch geben, als im Winter, wovon zuweilen nur die ausgesuchteste Winterfutterung eine Ausnahme macht, überdies der Weidegang des Viehes die Verfertigung vorzüglicher Holländereiprodukte gar sehr erleichtert und begünstigt: so läßt man die Kühe in der Regel während des Winters nicht zum Rinde. Da nun in Folge dessen, wenn sie in der Mitte oder gegen das Ende des Maimonats ins Gras gejagt werden, alsobald der Begattungstrieb sich bei ihnen einstellt; die Kühe bekanntlich vierzig Wochen trächtig sind, die meisten von ihnen also in den Monaten Februar, März und April kalben: so wählt man zur Anzucht die zuerst fallenden Kälber, von diesen aber die größten und durch eine vorzügliche körperliche Beschaffenheit sich auszeichnenden (wohin insonderheit nicht zu kurze Zitzen gehören), nimmt auch bei dieser Auswahl auf die Eigenschaften ihrer Mütter Rücksicht, ob solche z. B. viele und fette Milch geben, lange oder kurze Zeit trocken stehen, leicht oder schwer zu milchen sind rc.

Die Kälber einige Zeit an der Mutter saugen zu lassen,

und sie sodann zu entwöhnen, ist in den hiesigen Herzogthümern nicht gebräuchlich. Obgleich die Freunde jener Methode behaupten, das sogenannte Börnen der Kälber sei eine Künstelei, welche durchaus keinen reellen Nutzen gewähre, und man müsse suchen, auch in diesem Punkte, wie bei unterschiedlichen Gegenständen der Oeconomie, der Natur so nahe als möglich zu bleiben: so herrscht unter unsern praktischen Landwirthen doch nur eine Stimme darüber, daß nichts vortheilhafter sei, als Kuh und Kalb baldmöglichst nach der Geburt von einander zu trennen. Die Erfahrung hat zwar gelehrt, daß ein schlechtweg gebörntes Kalb nicht eigentlich fetter werde, als ein saugendes, indeß kann man es auch, vermöge der Darreichung minder guten Milch und Waddick, bei weitem wohlfeiler groß ziehen. Ueberdies erhält ein getränktes Thier, wie dies durch unzählige Beispiele bewiesen ist, eine stärkere und rundere Ausrippung des Bauches. Wenn in manchen Gegenden das Börnen so viele Widersacher findet: so mag dieses, unsrer unmaßgeblichen Meinung nach, wohl größtentheils darin liegen, daß dort die Abwartung der jungen Kreaturen nicht von der gehörigen Art ist.

Nachdem das Kalb geboren ist, bestreut man es hier mit etwas Salz, und legt es dann der Mutter zum Ablecken vor. Nun wird es sogleich von derselben entfernt, in dem Kälberstall angebunden, und in den ersten Tagen mit der Milch der Mutter getränkt. Diese reicht man dem Thiere größtentheils um deswillen, weil solche die Unreinigkeiten des Körpers auf eine wohlthätige Weise abführt. Nach fünf oder sechs Tagen ist es nicht mehr erforderlich, daß das Kalb die Milch seiner Mutter bekomme, doch muß es solche immer frisch gemolken, und wenn sie warm ist, erhalten. Wie viel Milch ein Kalb zur Zeit haben müsse, hängt von der Größe,

Beschaffenheit und dem Apetite desselben ab, muß daher der verständigen Beurtheilung desjenigen, der es tränkt, überlassen bleiben. Dieser Umstand macht die Aufzucht der Kälber mißlich, weil man ihnen nicht so viel geben darf, als sie saufen wollen, daher das landübliche Sprichwort: „Kinnermaat un Kalbermaat määt ohle Lüde weeten!" Giebt man ihnen aber zu wenig, so nehmen sie natürlich nicht so gut zu, als man wünscht. Wenn daher die Kälber oft nicht leben wollen, sondern umstürzen, nachdem sie bereits einige Zeit getränkt sind: so liegt dies ohnstreitig an dem Mangel der erforderlichen Umsicht beim Tränken derselben, und die abergläubischen Mittel, welche zum Theil angewandt werden, diesem Uebel abzuhelfen, bleiben unzulänglich, so lange jene fehlt. Um dem Kalbe das Saufen zu lehren, hält man die Hand in die Milch, steckt dem Kalbe einen Finger in den Mund und läßt es an demselben die Milch so lange einsaugen, bis es sich auf diese Weise an das Saufen gewöhnt hat. Je länger ein Kalb mit süßer Milch, wie sie von der Kuh kommt, getränkt wird, um so besser ist es natürlich; jedoch sind sechs bis acht Wochen hinreichend. Nach Ablauf derselben geht man allmählig zur abgerahmten und sauer gewordenen Milch, zur Buttermilch und Waddick über. Süße abgerahmte Milch ist ihnen nicht dienlich, weil sie leicht den Durchfall davon bekommen. Stellt er sich dennoch ein, so ist ein Eßlöffel Kornbranntwein, dreimal des Tags gegeben, ein erprobtes Mittel dagegen. Das Tränken geschieht zweimal am Tage, des Morgens und Abends, und auf Höfen, wo man Kälber ansetzt, hat gewöhnlich jedes Kalb sein eigenes Gefäß (Stabbütte), worin ihm sein Getränk gereicht wird. In der Zwischenzeit giebt man ihm, nachdem es einige Wochen alt geworden ist, etwas feines gutes Heu, oder noch besser Haferlos, und, wenn man sie so lange auf dem Stalle hält, bis er zu haben ist, auch wohl grünen Klee, jedoch mit der Vorsicht, welche überhaupt bei der Futterung desselben angewandt werden muß. Bis Johannis hält man die Kälber gewöhnlich auf dem Stalle, zuweilen etwas länger, wobei sich von selbst versteht, daß sie immer reinlich und trocken gehalten, gut gestreut, und so oft es erforderlich ist, abgemistet werden müssen. Nach Ablauf vorgedachter Zeit bringt man sie in's Gras, muß sich aber in den ersten Tagen die Mühe nehmen, sie täglich ein paar Mal zum Wasser zu treiben, weil sie, wie bekannt, ohne diese Vorsicht zu einfältig sind, es aufzusuchen; wie man denn überhaupt im Anfange ein wachsames Auge auf sie haben muß.

Im Herbste, um Martini aus, werden die Kälber gleichzeitig mit dem übrigen Rindvieh aufgestallt. Je besser sie während des Winters genährt und gepflegt werden, desto vorzüglicher ist natürlich ihr Gedeihen, denn dieses richtet sich, wie bei allem Vieh, nach der Nahrung und Behandlung. Gutes feines Heu, so wie einiger Hafer im Stroh müssen den Kälbern im ersten Winter durchaus nicht zu sparsam gereicht werden, wenn sie nicht verkrüppeln sollen. Auf Höfen werden die Kälber häufig aufgestallt, ohne angebunden zu werden, und sie laufen los durch einander im Stall herum, dergestalt, daß sie von der Futterdiele Nahrung zu sich nehmen können. Besser ist es jedoch, die Kälber gleich den Kühen anzubinden, um sie frühe daran zu gewöhnen und damit vertraut zu machen. Im folgenden Sommer werden die Starken gleichzeitig mit den Kühen ins Gras getrieben, unter diese jedoch nur dann, wenn sich kein Rind bei demselben befindet, weil bei guten Starken, wie bekannt, sich nicht selten schon im zweiten Sommer der Geschlechtstrieb äußert.

Manche lassen sie freilich schon dann zum Rinde, um mit dem zweiten Jahre Nutzen von ihnen zu haben; allein das Thier wächst dabei nicht so gut aus, und erhält überhaupt nicht diejenige gute körperliche Beschaffenheit, als wenn man das Rind im zweiten Jahre zuläßt und die Starke im dritten kalbt; man verliert also auf der einen Seite mehr, als man auf der andern gewinnt. Im zweiten Winter werden sie wie im ersten aufgestallt, gefuttert und behandelt; im darauf folgenden Sommer wie im vorhergehenden ins Gras gejagt, jedoch nun das Rind zugelassen, damit sie trächtig werden, im dritten Jahre kalben, und alsdann um Maitag in den Holländereien eingeschossen werden können. Von der Zeit an, wo das Thier zum zweiten Male gekalbt hat, heißt es hier eine Kuh. Die meiste und beste Milch giebt es jedoch bekanntlich erst vom fünften Jahre an, bald kürzere, bald längere Zeit. Eine nicht trächtig werdende Kuh nennt man in hiesiger Gegend fähr; von einer solchen aber, die zu frühe kalbt, sagt man hier: sie versetze — verwerfe. Unsere Praktiker halten dieses in Absicht der Nutzung weit nachtheiliger, als jenes, zumal wenn die Nachgeburt nicht zur gehörigen Zeit abgeht: sie siechet dann lange und giebt wenige Milch. Eine fähre Kuh giebt freilich weniger Milch, als eine solche, die zur gehörigen Zeit gekalbt hat; allein sie steht dagegen auch nicht trocken, und ihre Milch ist desto fetter. Eine im übrigen gute Kuh bloß deswegen abzuschaffen, weil sie ein Jahr fähr geht, halten wir nicht nothwendig; allein bleibt sie auch im zweiten Jahre güste, so muß sie dann allerdings mit einer andern nutzbaren vertauscht werden. Kühe hingegen, die verkalbt haben, zumal wenn sie nicht rein geworden sind, läßt man oft vortheilhafter auftrocknen und fett grasen, um sie sodann an den Schlächter zu verkaufen, weil sie nicht nur wenige Milch geben, sondern auch meistens im darauf folgenden Jahre fähr bleiben. In bedeutenden Holländereien geht fast nicht ein Jahr hin, daß nicht mehr oder weniger Kühe verkalben oder fähr bleiben: übersteigt ihre Zahl jedoch die von zehn Eine, so ist dies ein ungewöhnliches Verhältniß. Das Verkalben wird, unserm Dafürhalten nach, in den meisten Fällen durch ungebührliche Behandlung des Viehes, während es auf dem Stalle ist, als Schlagen, Stoßen, ferner durch verdorbenes, mulstriges Futter, so wie auch dadurch veranlaßt, wenn man es im Herbste zu lange draußen gehen läßt, wo dann kalte regnichte Witterung, imgleichen der Reif, welchen sie um diese Jahrszeit häufig mit dem Grase verschlingen, diese nachtheilige Wirkung hervorbringt.

Was nun die äußern Kennzeichen betrifft, von welchen man geneigt ist, auf eine gute, insonderheit milchreiche Kuh zu schließen, daher von einer solchen, wenn sie auch die vorgedachten guten Eigenschaften in sich vereinigt, gern Kälber ansetzt: so bestehen solche, nach der hier gangbaren Meinung, in folgenden:

1. die ganze Gestalt darf nicht von der Art seyn, die dem Auge besonders gefällt, mithin nicht malerisch schön. Kühe der Art pflegen gewöhnlich mehr auf Fleisch, als Milch zu schlagen;
2. der Hintertheil des Körpers sei verhältnißmäßig stärker, als der vordere;
3. das Gerippe tonnen= nicht kugelförmig, stark gewölbt;
4. der Rücken gerade;
5. das Kreuz breit;
6. die Hüften etwas hervorstehend;
7. die Beine kurz und fein von Knochen;

8. die Brust tief, nicht zu fleischig;
9. Kopf und Hals dünn;
10. letzterer muß sich gegen den Kopf erheben, und allmählig dünner werden;
11. der Kopf vorn spitz zulaufen, nicht zu dick seyn, noch weniger eine, dem Ochsen oder Rinde gleichende Gestalt haben;
12. das Euter, nach hinten zu, zwischen den Beinen hängen, weder zu groß, stark und fleischig, noch zu klein seyn, und dicke Milchadern zeigen;
13. die Zitzen müssen lang seyn, wodurch das Milchen erleichtert wird. Manche Kühe haben bekanntlich auch fünf und sechs Zitzen, von denen eine oder zwei nie Milch geben. Man hält auch dies für ein gutes Zeichen;
14. der Ausdruck des Gesichts muß fromm und sanft, doch munter seyn; das Thier selbst gutmüthig, aber doch dreist;
15. der Schwanz sei lang und wohl behaart;
16. die Größe des Thieres kommt in sofern in Betracht, weil das in dieser Hinsicht sich auszeichnende, unter übrigens gleichen Umständen, so wie bei einer verhältnißmäßigen Nahrung, allerdings mehrere Milch giebt, als ein kleineres, auch gemästet vortheilhafter zu verkaufen ist; allein, wo die Nahrung der Größe nicht entspricht, da ist es besser, eine kleinere Raçe zu halten, die dann verhältnißmäßig einträglicher wird.

Die gleiche Sorgfalt, welche bei Auswahl derjenigen Kühe, von welchen man Kuhkälber ansetzt, nothwendig ist, müßte billig auch bei dem Ansetzen von Bullen oder Stierkälbern Statt finden; denn — wie der Herr Hofrath

Franz *) so wahr und lehrreich sagt — „ohne gute Eigen-„schaften erwartet man umsonst gute Nachkommen, wenn „auch übrigens nichts unterlassen wird, was zur Erzeugung „einer solchen Art erforderlich ist. Die Natur bleibt sich bei „den Thieren, wie bei den Pflanzen, in Betracht des Saa-„mens immer gleich; die guten und schlechten Eigenschaften „gehen von den Alten auf die Jungen über." Leider! aber verfährt man hier in der Regel beim Ansetzen der Stierkälber äußerst sorglos. So lange man hier nicht auf bessere Rinder hält, und sie schon im zweiten, dritten Jahre zur Fortpflanzung gebraucht, ist an eine Veredlung der Race in und durch sich selbst bei uns nicht zu denken. Auf den Höfen kauft man keinen Bullen älter als drei Jahre, und schafft ihn im sechsten oder siebenten schon wieder ab, weil man dafür hält, er sei in der Regel dann zu schwerfällig, wodurch er den Kühen bei der Begattung leicht Schaden zufüge. Dies ist aber schädliches Vorurtheil, denn nur ein starker, wohl ausgewachsener Bulle kann vorzüglich große und schöne Kälber erzeugen, und wenn die Kühe, welche er zu begatten hat, nur wohlgenährt sind, er selbst aber die zu einem guten Springbullen erforderlichen Eigenschaften besitzt, und insbesondere leicht und gut springt: so wird er seiner Größe ohngeachtet den Kühen nicht leicht schaden.

In den Holländereien der Güter rechnet man auf 40 bis 50 Kühe einen Springbullen.

* * *

Wir gehen nunmehr zu der in hiesiger Gegend gebräuchlichen Nahrung des Viehes über, und unter-

*) Siehe dessen: Ueber die zweckmäßigste Erziehung, Futterung und Behandlung des zur Veredlung und Mastung bestimmten Hausthiere rc. S. 81.

scheiden hier die während des Winters von der des Sommers.

Diese finden die Kühe auf den mit lebendigen Befriedigungen eingefaßten Graskoppeln, wohin man sie in der letzten Hälfte des Maimonats treibt, dort so lange gehen läßt, bis die abgeerndteten Getreidefelder und Wiesen mit ihnen behütet werden können, dann wieder die Dreschkoppeln von ihnen abweiden läßt, und sie um Martini aufstallt. Dafern der Vorrath der Winterfutterung es erlaubt, jagt der umsichtige Schleswig-Holsteinische Landwirth seine Kühe nicht eher ins Gras, als bis dieses in hinreichender Menge vorhanden, und die Witterung gut ist. Wenn die Weidekoppeln, bevor man sie mit Vieh beschlägt, gut mit Gras bestanden sind: so entsteht an diesem, wie die Erfahrung lehrt, im Vorsommer nicht so leicht Mangel, welches in dürren Jahren sonst leicht der Fall seyn kann. In anderweitiger Hinsicht wird manches Stück bei nasser und kalter Frühlingswitterung zum Opfer. Was indeß die mit rothem Klee besaamten Weidekoppeln anbetrifft: so läßt man jedoch jenen auch nicht zu lange stehen und zu stark werden, weil einer Seits die Kühe ihn dann nicht so gern fressen, anderer Seits viel unnützer Weise von denselben zertreten wird, endlich er auch nicht so leicht und gut nachwächst. Einige hiesige Landwirthe lassen sämmtliche zur Weide der Kühe bestimmten Koppeln beim Ausjagen jener sogleich von ihnen begehen; andere geben sie ihnen nur nach und nach, mit denselben abwechselnd, oder weiden die Kühe um. Bei der gehörigen Aufmerksamkeit verdient letzteres allerdings den Vorzug, weil der Reiz der Neuheit in Absicht der Nahrung dem Viehe dadurch auf eine wohlthätige Weise verschafft wird. Weidet man die Kühe aber nicht sogleich um, wenn ihnen die Weide, auf welcher sie gehen, minder gefällt, welches sogleich an der Abnahme der Milch zu spüren ist: so wird das Vieh nicht nur unruhig und bricht leicht durch, sondern es verliert auch Milch, die, einmal in Abnahme, nicht so leicht wieder zunimmt, daher man allem, was deren Verminderung veranlassen kann, möglichst vorbeugen muß.

Die frischen Graskoppeln, oder diejenigen, welche, nachdem sie ihre Saaten abgetragen haben und mit angesäeten Futterkräutern, hauptsächlich Klee, zur Weide niedergelegt sind, haben gewöhnlich in Absicht der kräftigern, auf die Milchergiebigkeit des Viehes wohlthätig wirkenden Nahrung, einen großen Vorzug vor den ältern; und je länger eine Koppel im Grase liegt, je weniger Milch und Butter geben die auf ihnen weidenden Kühe. Mit desto mehrerer Kraft also eine Koppel zur Weide niedergelegt wird, um desto besser ist auch die Weide. Da nun, um von den Holländereien den möglichst höchsten Ertrag zu gewinnen, nicht nur eine ausgezeichnete Winterfutterung des Viehes, sondern auch eine reichliche und kräftige Sommerfutterung für dasselbe erforderlich ist, diese aber nicht erwartet werden kann, so lange ohngeachtet der vorangegangenen Kornsaaten bei Niederlegung der Koppeln zu Gras, solche an ursprünglicher Fruchtbarkeit nicht gewonnen, sondern verloren haben: so geht hieraus hervor, wie schwer es sei, aus einer Holländerei den möglichst höchsten Ertrag zu ziehen, und wie lange Zeit dazu erforderlich ist, es dahin zu bringen, weil ohne eine ausgezeichnete und vorzügliche Grasung im Sommer auch bei der besten Winterfutterung der Zweck derselben zum Theil verfehlt wird. Die Aecker aber dergestalt in den Stand zu setzen, daß sie, nachdem sie vier, auch wohl fünf Früchte getragen haben, in größerer Kraft zur Weide niedergelegt werden, als sie bei ihrem Ausbruche hatten, ist unstreitig eine landwirthschaftliche Aufgabe, deren Lösung gewiß jedem nicht wenig schwer fällt, und es wird dadurch begreiflich, wie viel leichter es sei, gutes Getreide zu produziren, als eine Holländerei dahin zu bringen, daß sie das Mögliche leistet.

Meistentheils besteht hier die Grasung der frischen Weidekoppeln in rothem Klee, den man das Jahr vorher ein auch wohl zwei Mal gemäht hat. Wo man nicht nöthig hat, der Winterfutterung wegen, Klee zum Mähen auszusäen, da hält man es hier weit vortheilhafter, die Weidekoppeln mit zusammengemischtem weißen und rothen Kleesaamen dergestalt zu besäen, daß man von diesem nur ein Viertel, von jenem drei Viertheile nimmt. In Absicht der Weide hat der weiße Klee unstreitig große Vorzüge vor dem rothen, weil das Vieh ihn lieber genießt; weil es mehrere und fettere Milch darnach giebt; weil dieser Klee bei etwaiger Dürre nicht so leicht vertrocknet und schneller nachwächst; weil er endlich auch in der Blüthe von den Kühen gern gefressen wird, wohingegen sie zum Genusse des blühenden rothen Klees nur durch Hunger angereizt werden. Da der weiße Klee etwas später nutzbar als der rothe wird: so mischt man hier ein Viertel von diesem zu drei Viertel von jenem, damit der frühere rothe Klee die Weide um so eher nutzbar und gut macht.

Je ruhiger und ungestörter das Vieh auf den ihm eingeräumten Weidekoppeln geht und gehen kann, um desto wohlthätiger hält man es hier für dasselbe; desto reichlichere Milch verspricht man sich, versteht sich bei hinreichender Nahrung, von ihm.

Das Rindvieh ist phlegmatischen Temperaments, liebt die gemächliche Ruhe, und gedeiht bei solcher am besten. Unsere umsichtigen Wirthe leiden es daher nicht, daß sich die

Kuhhirten beim Zusammentreiben der Kühe nach den Plätzen, wo sie Morgens und Abends gemolken werden, der Hunde bedienen, und sehen darauf, daß sie überhaupt bei diesem Zusammentreiben mit Ruhe und Sanftmuth verfahren. Man hält es hier außerdem noch sehr gut, wenn die Weidekoppeln so reichlich mit Wasser versehen sind, daß die Thiere nicht nur immer Gelegenheit finden, ihren Durst leicht und mit Bequemlichkeit zu löschen, sondern sie auch, bei heißen Sommertagen sich abzukühlen, in dasselbe bis an den Bauch hineingehen können, wodurch das Herumlaufen derselben (das sogenannte Bißen) vermieden wird, bei welchem sie nicht nur das Gras zertreten, sondern auch die Milch verrennen, und das eine Folge der ihnen lästigen Hitze und des ihnen beschwerlichen Ungeziefers ist. Gut ist es endlich, wenn weder fremde Menschen, Hunde, noch anderes Vieh oft auf die Weidekoppeln kommen, indem dadurch die Ruhe des weidenden Viehes gestört wird, und insbesondere ihnen unbekannte Hunde sie auf geraume Zeit in einen furchtbaren Aufruhr zu bringen vermögen.

Die Befriedigungen der Weidekoppeln werden, so lange Vieh auf ihnen geht, immer sorgfältig nachgesehen, und dieses stets so in Acht genommen, daß es niemals da hindurchbricht, wo es nicht gehen soll, weil, wie man sich leicht vorstellen kann, die ganze Heerde dadurch in Unordnung geräth, und solches eine augenblickliche Verringerung der Milch, die sich, so lange das Vieh unruhig ist, nicht wieder einstellt, zur Folge hat. Diese Vorsicht beobachtet man besonders zu der Zeit, wenn angrenzende Kornfelder sich der Reife nähern, und durch ihren Geruch das Vieh anlocken. Einmal durchgebrochenes Vieh ist nicht leicht wieder zur Ordnung zurückzuführen; weiß man aber mit gehöriger Umsicht zu verhindern, daß es nie zum Durchbruche kommt, sondern immer ruhig bleibt: so kann es selbst bei nicht überreichlicher Nahrung gute Milch geben.

Der Schleswig-Holsteiner hält dafür, daß auf die Menge des Grases weniger ankomme, als auf die Güte und Kraft desselben; jedoch versteht es sich von selbst, daß die Menge mit der guten Qualität vereinigt den Vorzug hat. Erwiesen ist es auch hinreichend, daß kräftiges Gras von dem Viehe kurz und kahl gehalten wird, indessen sie danebenstehendes mageres und unkräftiges aufschießen lassen. So ist das auf bemergeltem Lande wachsende Gras ihnen, seiner mehreren Kraft wegen, vorzüglich angenehm, und wenn ihnen zwei Koppeln eingeräumt sind, von denen eine bemergelt, die andere unbemergelt ist, so werden sie ungleich lieber auf jener als auf dieser gehen, und dort bei anscheinend geringerem Grase mehr Milch geben und besseres Gedeihen haben, als auf dieser.

Giebt man den Kühen eine Kleekoppel, die schon einmal gemäht ist, zur Ausweide, und war der Klee nicht nur stark zur Zeit des Mähens, sondern ist er auch, wenn er abgeweidet werden soll, bedeutend herangewachsen: so wird hier eine solche Weide im Anfange nur mit gehöriger Vorsicht bejagt, nämlich zur Zeit der Mittagsstunde (mindestens zu einer Zeit, wo kein Thau mehr auf dem Grase liegt), und nachdem sich das Vieh zuvor auf der bisherigen Weide fast gesättigt hat. Unterließe man diese Maaßregeln der Vorsicht: so würden die Kühe sich ohnfehlbar leicht in dem jungen üppigen Klee übernehmen, mehrere von ihnen würden aufblähen, und wenn ihnen nicht schleunigst Hülfe geleistet würde, in kurzer Zeit hinstürzen. Auch von den abgeernteten Koppeln giebt man hier den Kühen keine zur Ausweide, so lange man nicht gewiß ist, sie mit anderer Auswelde versehen zu können, sobald die erhaltene abgefressen ist, weil sie sonst unruhig werden.

Die hiesige Winterfutterung besteht zum größten Theile in Heu — Stroh — Spreu oder Kaff.

Unter dem Heue hält man hier das von weißem Klee (denn Esparsette, welche nach dem Ausspruche mancher praktischen Oeconomen alles Kleeheu an Güte übertreffen soll, bauet man in Schleswig und Holstein bekanntlich gar nicht) für das vorzüglichste; hiernächst das auf fetten und guten Wiesen gewachsene, aus, dem Rindviehe angenehmen und gedeihlichen Kräutern bestehende, imgleichen das sogenannte Salzfutter (Heu, welches auf Wiesen gewachsen ist, die zu Zeiten, im Herbst, Winter und Frühlinge vom salzigen Wasser überschwemmt werden). Den dritten Platz in Absicht der Güte räumt man hier dem Heu vom rothen Klee ein, und den letzten das auf mageren und Moorwiesen gewachsene Heu, zwischen welchem sich Riedgräser und die Equiseten-Arten befinden, (man nennt sie hier in der Sprache des gemeinen Lebens bald Kuhtod, bald Buxbart, bald Kattenschwanz u. s. w.) verwirft der Schleswig-Holsteiner überall zur Futterung für seine Kühe; denn diese scharfen sauern Gräser machen ihnen selbst das im übrigen gute und schöne Heu widerlich und unangenehm, so daß nur der größte Hunger sie zu dem Genusse desselben zwingen kann, sie die Milch dabei verlieren, abmagern, ja mitunter Läuse bekommen. Den Pferden hingegen ist diese Art Heu bekanntlich gedeihlich, und sie fressen es gern.

So vorzüglich das Heu vom weißen Klee ist, so selten hat man es hier dennoch, weil der weiße Klee von gleicher Fläche nicht so viele Fuder bringt, als der rothe, und er einen vorzüglich guten und fetten Boden verlangt, um mit Vortheil zum Mähen angebaut werden zu können. Wo er aber diesen findet, da wächst er freilich nicht so hoch, als der rothe Klee, aber dagegen dicker, Stängel und Blätter sind zarter, feiner und kräftiger, die Köpfe in der Regel mehr mit Saamen angefüllt, und man kann annehmen, daß, gleich gut geborgen 75 Pfund weißes Kleeheu 100 Pfund von rothem Klee in Absicht der Güte gleich kommen. Die Futterung des von fetten, berieselten oder bedüngten Wiesen gewonnenen Heues, wenn es von sauren und vorhergenannten schädlichen Gräsern frei ist, halten wir von den wohlthätigsten Folgen für die augenblickliche Milchergiebigkeit der Kühe sowohl, als für deren Fleischansatz.

Heu von rothem Klee, wenn dieser nicht zu grobstängelig und beim Trocknen auf eine Weise behandelt ist, daß ihm Köpfe und Blätter geblieben sind, dabei übrigens aufs beste geborgen ist, wirkt, nach der hier gangbaren Meinung, allerdings auch wohlthätig auf die Milchergiebigkeit und Wohlbeleibtheit der Kühe: allein die Milch ist gewöhnlich magerer. Ist der rothe Klee aber grobstängelig, zwar trocken geborgen, aber durch die Art der Behandlung seiner Blätter und Köpfe meistentheils beraubt worden: so achtet man ihn hier nur für ein sehr mäßiges Kuhfutter.

Sehr wenige unserer Wirthschaften sind so reichlich mit Heu versehen, daß den vorhandenen Kühen während des ganzen Winters zwei Mal eine gute Portion Heu gereicht werden kann. Die meisten müssen sich darauf beschränken, den Kühen bis zu der Zeit, wo sie kalben, täglich nur ein Mal Heu zu reichen, um ihnen von da an täglich zwei Rationen geben zu können; ja manche sind genöthigt, ihnen das Heu bis Lichtmeß ganz vorzuenthalten, damit sie nur im Stande sind, sie von dieser Zeit an täglich ein Mal damit zu versorgen.

Das Stroh, mit welchem hier die Kühe im Winter gefuttert werden, besteht in dem von allen möglichen Getreidearten. Je nachdem es mehr oder weniger reif geworden, mit Unterfutter versehen ist; je nachdem die Aehren und Hülsen sich weniger oder mehr abdreschen lassen, ist es mehr oder weniger nahrhaft. Daß es um so besser, je mehrere Körner man beim Ausdrusche desselben darin läßt, ist leicht zu begreifen. Weitzen und Rocken werden hier indessen immer möglichst rein ausgedroschen. Die Gerste drischt man nur zuweilen nicht bis auf's letzte Korn; von dem Hafer läßt man aber immer mehr oder weniger etwas im Strohe. Demnach nimmt hier unter dem Strohe das vom Hafer den ersten Platz ein *). Diesem folgt das von gut geborgenem Erb-

---

*) Der Herr Hofrath Franz stellt, in seinem schon angeführten Werke: „über die Erziehung, Futterung ꝛc. der Hausthiere," das Verhältniß des Heues und (reinen?) Strohes, in Hinsicht ihrer Güte und innern Werthes, auf folgende Weise gegen einander auf:

100	Pfd.	Gerstenstroh ist in der Nahrung gleich	60	Pfd.	Heu.
100	=	Haferstroh	50	=	=
100	=	Weitzenstroh	20	=	=
100	=	Rockenstroh	18	=	=
100	=	Buchweitzenstroh	55	=	=
100	=	Bohnenstroh	75	=	=
100	=	Linsenstroh	75	=	=
100	=	Wickenstroh	70	=	=
100	=	Erbsenstroh	65	=	=

„Alle diese Stroharten" — fährt der geschätzte Herr Verfasser fort — „sind jedoch von der besten Qualität, zeitig geerndtet, frisch verfuttert, und hauptsächlich mit nahrhaften Kräutern durchwachsen, nach ihrem innern Gehalte im Vergleich mit gutem Mittelheu zu verstehen."

sen= und Buchweitzen=, dann Gersten= und Rockenstroh, von welchem, je nachdem es grob oder fein, kräftig oder völlig reif geerndtet ist, bald das eine, bald das andere den Vorzug behauptet. Das Weitzenstroh nimmt den letzten Platz ein, und hat nur in so fern einen Werth, als es mit Unterfutter versehen ist, und das Vieh die daran befindlichen Aehren und Hülsen abfressen kann. Das Weitzen= wie das starke Rockenstroh wird daher meistens zu Klappen oder Dachschoof ausgenommen, und nur das nachbleibende Krummstroh zur Futterung der Kühe verwandt. Nachdem diese das ihnen davon Schmackhafte ausgelesen haben, streuet man sie mit dem Reste. Die ausgenommenen Klappen werden zu Häckerling für die Pferde verschnitten, der Schoof aber zur Erhaltung der Dächer angewandt, in welcher Hinsicht das Rokkenschoof vor dem des Weitzens den Vorzug hat.

Frisch abgedroschenes Stroh jeder Art hält der Schleswig=Holsteinische Landwirth für seine Kühe bei weitem besser, als solches, welches schon einige Zeit abgedroschen gelegen hat, weil jenes freier vom Staube, Spinngeweben und Schmutz ist, als dieses. So liebt er auch in der täglichen Futterung die Abwechselung mit jeder vorhandenen Sorte Stroh sehr, weil die Neuheit bei Thieren wie bei Menschen den Appetit reitzt. Bei reichlichem Strohvorrathe wird dem Viehe solches nur in kleinen Gaben (aber desto öfter) gereicht, damit es das ihm Schmackhafte und Gedeihliche desto eher heraus finden könne. Schüttet man zu viel auf ein Mal vor, so bläset es solches warm, wodurch es ihm unschmackhaft wird, und nur das, was ihm sonst noch zu Gute kommen könnte, darin bleibt und in den Mist geworfen wird.

Spreu von Erbsen, Weitzen, Buchweitzen, Hafer, Gerste und Rocken, wenn sie selbstverstandener Maaßen nicht mulstrig, sondern vollkommen gesund sind, hält man hier allgemein für eine den Kühen sehr angenehme und gedeihliche Nahrung. In Absicht ihrer Güte stehen die verschiedenen Sorten der Spreu einander in der umgekehrten Ordnung nach, in welcher die gewöhnlichen Getreidearten vorher genannt worden sind.

Da der Ertrag einer Milchkuh, unter übrigens gleichen Umständen, immer mit deren Futterung, Behandlung und Pflege in Verhältniß steht, sie nach einem in Schleswig und Holstein gangbaren Sprichworte, durch den Hals gemolken seyn will: so geben manche Schleswig-Holsteinische Landwirthe, die ihre Holländereien nicht verpachtet haben, sondern sie für eigene Rechnung betreiben, wenn nicht den ganzen Winter durch, doch während eines großen Theils desselben, ihren Kühen, außer dem vorhergenannten Futter, auch noch täglich eine, wohl gar zwei Rationen Hafergarben-Häcksel. In großen Holländereien den Kühen auf Häckerling Schrot von Rocken, Gerste und Hafer zu geben, ist zwar nicht sehr gewöhnlich, geschieht jedoch hie und da. Von vorgenannten geschrotenen Körnern wirkt der Hafer am meisten und schnellsten, nicht nur während des Winters, sondern auch im folgenden Sommer, auf den Milchertrag. Hiernächst der Rocken. Nach Gerstenschrot soll, den Behauptungen aller erfahrnen Hauswirthe in Angeln zufolge, die bekanntlich auf ihre Kühe vorzüglich halten, den Kühen die Milch versiegen, statt zuzunehmen, sie jedoch dabei an Fleisch gewinnen. Ausgemacht ist, daß die den Kühen gegebenen ganzen Körner, es sei nun im Stroh, oder zu Häckerling geschnitten, ihre Wirkung auf die Milch nur zum kleineren Theil im Winter, zum größeren aber im folgenden Sommer erst äußern, wohingegen alle geschrotenen Körner sich gleich vortheilhaft für den augenblicklichen Milchertrag während des Winters, wie für den künftigen im folgenden Sommer beweisen.

Mit Kartoffeln werden die Kühe nur in einzelnen Holländereien gefuttert. Man giebt sie ihnen dann, ohne sie zu waschen, jedoch nachdem man sie vorher mit einer Harke von aller Erde möglichst befreit, ganz vor, indem man die sehr großen beim Verfuttern ein wenig mit dem Fuße quetscht, und solche werden von ihnen mit so großer Begierde genossen, daß ein lautes Gebrüll im Viehhause entsteht, sobald diese Futterung von ihnen gewittert wird. Die in verschiedenen landwirthschaftlichen Schriften zu mehreren Malen geäußerte Besorgniß, daß das Futtern der Kartoffeln ohne Häcksel oder Spreu dem Viehe sehr nachtheilig, ja oftmals tödtlich werden könne, scheint mir sehr ungegründet zu seyn. Wir sehen hier fast täglich Beispiele vom Gegentheil. Die Kühe geben übrigens nach Kartoffeln, wenn auch viele, doch nur magere Milch, und reicht man ihnen nicht andere kräftige Nahrung, so werden sie durch solche entkräftet, indem sie sich stark abmelken lassen. Da es entschieden ist, daß die Kartoffeln mit sehr günstigem Erfolge für den Fleischansatz des Rindviehes gefuttert werden: so geben manche sie ihnen nur in der Zeit, wo sie trocken stehen.

Die Futterung der Kühe mit Kohl und Rüben allerlei Arten ist hier im Großen nicht gebräuchlich, weil sie mit so vieler Beschwerde und Umständlichkeit verknüpft ist. Wir halten sie jedoch im Kleinen für sehr vortheilhaft, obgleich, unserer Erfahrung nach, Milch und Butter, wenn diese Nahrung in Menge gereicht wird, leicht einen etwas strengen und nicht angenehmen Geschmack davon annehmen. Bei den gelben Wurzeln ist dies erwiesener Maaßen nicht der Fall. Sie sind den Kühen ein so angenehmes, als nahrhaftes und gesundes Futter, wornach sie viele und fette Milch, auch im Winter schöne gelbe und schmackhafte Butter geben. Schade nur, daß der Anbau der gelben Wurzeln in Schleswig und Holstein zu mißlich ist, um ihn so bedeutend treiben zu können, daß man durch ihn dieses Kuhfutter in hinreichender Menge gewönne.

Daß altes, mageres Rindvieh (die sogenannten Ausschußkühe auf den Höfen), wenn es nur innerlich gesund ist, sehr gut und vortheilhaft mit einem Gemenge von zerstoßenem weißen und grünen Kohl, zerstoßenen Wurzeln und Rüben aller Art, unter Hinzufügung von einigem Hafergarben-Häcksel, und indem man ihm mitunter einiges Heu reicht, fett zu futtern ist, wenn der, dem dieses Geschäft aufgetragen ist, die dazu gehörige Liebe, Lust und Umsicht besitzt, kann man aus Erfahrung versichern; und um so magerer das also gemästete Vieh vorher war, um so zarter und schmackhafter wird alsdann das Fleisch von demselben, trotz des Alters der Thiere, weil alles ganz frisch und neu angesetzt worden ist.

Das von den englischen und niederländischen Landwirthen, auch in manchen Gegenden Deutschlands, z. B. im Altenburgischen, so geschätzte Brühfutter ist in unsern Herzogthümern wenig oder gar nicht gebräuchlich. Die Bewirthschafter unserer großen Güter schreckt von der Anwendung dieser in manchem Betrachte gewiß sehr vortheilhaften Futterungsart zum größten Theile die Arbeit und Schwierigkeit, welche damit verknüpft seyn dürfte, ab. Allerdings auch möchte in mancher großen Oeconomie nicht viel dabei herauskommen; indeß glauben wir, daß unser kleinerer Landwirth immerhin seinen Vortheil dabei finden würde, wenn er wenigstens die Abfälle von Garten- und Feldgemüse, ingleichen die Ueberbleibsel aus der Hauswirthschaft, z. B. verdorbenes Mehl, Brod ꝛc. vermischt mit Heu, Häcksel ꝛc. zum Brühfutter für sein Vieh bereitete. Das mit der Brühfutterung vereinigte warme Saufen der Kühe würde ohnstreitig den wohlthätigsten Einfluß auf die Milchergiebigkeit derselben äußern. Nicht minder zweckmäßig könnte eine mäßige Salzfutterung, welche hier leider! ganz und gar nicht beachtet wird, seyn. Die Kosten des Salzes werden durch Futterersparniß, und durch den Nutzen, welchen solches für das Vieh selbst hat, überreichlich vergolten *).

Mit der Sommerstallfutterung sind in unsern Landen nur sehr wenige Versuche, und diese sehr im Kleinen gemacht worden. So lange der Schleswig-Holsteiner sich nicht mit dem gehörigen Ernste auf dem Futterbau legt, werden sich auch der Einführung jener Methode hier immer sehr große Schwierigkeiten entgegen stemmen.

* * *

Wir gehen jetzt zu der **Wartung** und **Pflege** des Rindviehes über. Von derselben kann, mit Berücksichtigung

*) Das Salz hat die Eigenschaft, daß es das Rauhfutter geschmackvoller und nahrhafter, so wie alles nasse Futter unschädlich macht. In ältern Zeiten legte man das Stroh einige Zeit in Salzlake. Nachdem es abgetrocknet war, wurde es in Bündel gebunden und dem Rindviehe statt des Heues gegeben. Selbst verdorbenes Stroh kann durch Salz den Kühen schmackhafter gemacht werden. Steckrüben, mit Salz verfuttert, vermehrt die Milch. In **Chester** giebt man den Kühen etwas Salz, wenn sie die Milch verlieren. Neuer Hafer, neues Heu und jedes frische Futter wird durch Beimischung von Salz unschädlich. So schaden auch alle Rübenarten, Kartoffeln und Klee weniger, wenn man Salz darunter mischt. Durch das Futtern mit Salz wird die Beschaffenheit des Mistes verbessert, ja man behauptet sogar, daß es die Thiere zahmer mache. S. d. Landwirth in seinem ganzen Umfange von **Sturm**. Bd. 4. Heft 1.

des Vorerwähnten in den Herzogthümern Schleswig und Holstein während des Sommers nicht die Rede seyn; denn wenn sodann für hinreichende und gute Grasung, Trinkwasser rc., für gehörige Beschaffenheit und Befriedigungen und hinreichende Aufsicht zur Verhütung jeden Durchbruches gesorgt ist; wenn das Vieh weder beim Zusammentreiben nach den Milchstellen, noch bei dem Melken selbst gemißhandelt, sondern mit größter Schonung behandelt wird; wenn endlich auf den Weidekoppeln im Frühling und Herbste die Maulwurfshügel und der dem Vieh entfallene Mist gehörig auseinander gestreut und zerkleinert worden: — so bedarf es keiner weitern Pflege und Wartung. Im Winter beschränkt selbige sich

a. auf das Tränken,

b. die Streuung,

c. das Ausmisten, und

d. auf die Wahrnehmung verschiedener Dinge außer den vorgenannten, welche dem Wohlseyn und Gedeihen des Viehes erforderlich sind.

Das Rindvieh zu striegeln und zu bürsten, wie solches in mehreren Gegenden Deutschlands gebräuchlich, ist in unsern Herzogthümern nicht gewöhnlich *).

*) Thaer sagt über die Methode: „Manche haben das Striegeln der Kühe empfohlen. Beim Mastvieh ist es von augenscheinlicher Wirkung; aber bei den Kühen habe ich keinen so auffallenden Vortheil, daß er die Arbeit verlohnte, davon gesehen. Nur das Euter muß ihnen rein erhalten, und wo nöthig, beim Melken zuvor abgewaschen werden.“ S. Thaer's Grundsätze der rationellen Landwirthschaft. Bd. 4. S. 329.

a. Das Tränken.

Von der Zeit an, daß die Kühe aufgestallt sind, bis gegen Lichtmeß werden sie hier gewöhnlich nur ein Mal des Tages am Vormittage, von da an aber zwei Mal, Vormittags und Nachmittags, getränkt. Man läßt des Endes zur Zeit nicht Mehrere aus dem Stalle, als nach Beschaffenheit der Tränkstelle bequem zum Trinken gelangen können, um möglichst zu verhindern, daß das Vieh sich unter einander nicht stoße. Wenn der Viehhirte die Kühe ausgelassen hat, treibt eine andere Person sie zum Wasser und achtet sorgfältig darauf, daß jedes Stück Vieh seinen Durst gehörig löscht; ersterer aber giebt unterdessen ein demselben angenehmes Futter vor, um das Anbinden zu erleichtern. Wenn in Wintertagen der Weg zur Tränke oder die Umgebung derselben glatt ist, wird durch Aufstreuung von Asche, Sand, Torfmull u. dgl. der Gefahr des Fallens und daraus leicht folgenden Beschädigung bestens vorgebeugt. Für gutes Trinkwasser trägt der achtsame Schleswig-Holsteinische Hauswirth schon früh im Herbste die möglichste Sorge, und wenn bei anhaltendem Winter das Eis sich auf den Grund der gewöhnlichen Tränkstelle senkt, und dadurch das Wasser in derselben so flach wird, daß das zuerst trinkende Vieh es dick und den übrigen unschmackhaft macht: so läßt man mitten auf dem Eise, wo das Wasser am reichlichsten ist, eine sogenannte Trogwacke hauen, macht den Weg dahin dem Viehe gangbar durch Aufstreuung von angemessenen Ingredenzien, und tränkt es aus selbiger. Diese Trogwacke entsteht dadurch, daß man in dem dicken Eise einen langen Trog so tief aushauet, daß auf dem Grunde desselben nur eine dünne, das Wasser eben bedeckende Eisrinde bleibt, und nachdem dies geschehen ist, an dem einen Ende ein kleines Loch in diese dünne Rinde macht, woraus das Wasser dann hervorsprudelt und den Trog anfüllt. — Eine sehr empfehlungswürdige Art, das Vieh zu tränken, ist die aus großen hölzernen, auf einem etwas ebenen Platze des Hofes hingestellten Trögen, worin das Wasser aus einer mit einem Hahne versehenen Pumpe, indem man jenen öffnet, von selbst fließt, oder worin es auch gepumpt wird. Man muß aber die Pumpe sorgfältig mit Stroh bewinden, und so weit es angehen kann, von der Erde an mit Pferdedünger umlegen, damit sie bei starkem Froste nicht unbrauchbar wird. Bei reichlichem Einstreuungsmaterial verschafft dann diese Art das Vieh zu tränken eine schöne Gelegenheit, recht viel Streu in guten Mist zu verwandeln, indem man die Umgegend des Troges von Zeit zu Zeit damit bedeckt, weil die Kühe bekanntlich, so wie sie getrunken haben, gewöhnlich ihren Mist fallen lassen oder uriniren, und dieses dann von dem Ausgestreueten aufgefangen und dadurch natürlicher Weise verbessert wird. Diese Art das Vieh zu tränken findet man indessen nicht auf vielen Höfen, und noch seltener die: wo es zu dem Ende gar nicht aus dem Stalle gelassen, sondern aus einer kleinen steinernen Rinne von mäßiger Abdachung, die vor dem Stande desselben im Milchhause gemauert ist, getränkt wird, indem man vermittelst einer Pumpe das Wasser in solche bringt.

b. Die Streuung.

Um so reichlicher solche den Kühen werden kann, desto besser ist es, denn in Ermangelung derselben bekommen sie an den Knieen und Beinen bei dem Liegen auf den bloßen Steinen, womit die Ställe ausgepflastert sind, leicht schwammichte Gewächse; eine weiche, warme Streu aber ist ihnen um so nothwendiger und wohlthätiger, je strenger und kälter der Winter ist; auch kann durch sie allein die dem Viehe so erspriеßliche Reinlichkeit erhalten, und die Unreinlichkeit der Milch beim Melken vermieden werden. Seit dem Gebrauche des Mergels hat auf fast allen Höfen die Streu- und Futterproduktion dermaaßen zugenommen, daß in der Regel kein Mangel an Einstreuungsmaterial vorhanden, sondern solches im Ueberflusse da ist. Die Kühe fressen nämlich von dem reichen Strohvorrathe nur das, was ihnen schmackhaft ist, und die Nachbleibsel werden von dem Viehhirten zurückgeschoben, um, während sie zur Tränke gehen, in den Stall gestreut zu werden. In Jahren, wo der Stroh- und Futtergewinn nicht gut ausfällt, streben umsichtige Landwirthe, die unter diesen Umständen sparsame Einstreuung durch Herbeischaffung dazu zweckmäßiger Materialien zu ersetzen, mähen daher alles, was sich nur an Schilf, Binsen ꝛc. auftreiben läßt, setzen es in den Schober auf dem Hofe, und gebrauchen davon nach Bedürfniß.

c. Das Ausmisten.

Dies geschieht gewöhnlich zwei Mal die Woche an bestimmten Tagen, die man mit Rücksicht auf die Zeit der Aufstallung des Viehes festsetzt. Man stellt bei diesem Geschäfte so viele Menschen an, als erforderlich sind, es in einem halben Tage zu vollenden. Der Mist wird zuweilen von Menschen mit Tragbahren herausgetragen, meistentheils aber durch mit einem oder zwei Pferden bespannte Schleifen aus den Ställen nach der Düngerstätte geschafft. Auf einigen Stellen bedient man sich der Weiber zum Ausmisten, und nimmt nur so viele Mannspersonen dazu, als Schleifen erforderlich sind; auf andern hingegen nur der Mannspersonen. Bald geschieht diese Arbeit durch Tagelöhner und Dienstboten, bald verdingt man sie für den ganzen Winter mit gewissen Personen, z. B. den Lohndreschern oder deren Frauen, um ein gewisses. In den seltenen Fällen, wo die Einstreuung sehr sparsam ist, muß der Mist täglich beim Auslassen des Viehes zum Tränken mit Brettschaufeln sorgfältig zurückgebracht werden, um dadurch die Verunreinigung des Viehes und der Milch so viel möglich zu verhindern. Auf einigen Höfen werden die Kühe auf den Hof gelassen, während der Mist aus den Ställen geschafft wird; auf andern hingegen bleiben sie während dieser Arbeit ruhig im Stalle stehen, weil dieser so breit ist, daß man mit den Mistschleifen, den Kühen unbeschadet, hinter ihnen wegfahren kann, und das Kuhhaus an jedem Ende des Viehstandes eine Thür zur beliebigen Ein- und Ausfahrt hat. Das so nothwendige Ebnen des auf die Düngerstätte gebrachten Mistes geschieht entweder durch eine eigene Person, etwa den Scheunvogt oder durch die nämlichen Leute, welche die Ställe reinigen.

d. Das, was noch außer dem Vorgenannten zur Beförderung des Gedeihens und des Wohlseyns des Viehes erforderlich ist.

Beim Aufstallen desselben achtet unser umsichtige Landwirth sorgfältig darauf, daß nicht eine furchtsame und scheue Kuh zwischen zwei dreiste gebunden werde, weil diese dann jene zurückstoßen, von ihrem Futter das Meiste und Beste mit verzehren, wobei zwar sie sich gut stehen, jene aber zurückkommen und sich abmagern muß. Einer solchen furchtsamen und schüchternen Kuh weist man ihren Platz neben solchen an, die ihr gleich sind; wenn dies aber nicht thunlich ist, so werden die Ketten, in welchen die Kloben ihrer dreisten Nachbaren befestigt sind, in so weit verkürzt, daß sie nun der blöden nicht nachtheilig werden können, und diese es unternimmt, den ihr gelassenen Spielraum zu benutzen.

Theils dieserwegen, theils um sich das Anbinden des Viehes, wenn es des Tränkens oder Ausmistens halber ausgelassen worden ist, zu erleichtern, nimmt jede Kuh immer einen und denselben Platz ein, an welchen sie sich auch in der Regel bald dermaßen gewöhnt, daß sie ihn von selbst aufzufinden weiß. Will man aber die Kühe, so wie sie gekalbt haben, etwas besser füttern, als vorher, und sie dieserwegen, so wie sie frischmelkend werden, zusammen haben: so werden sie dann freilich in neue Stände angebunden, jedoch unter Beobachtung alles des eben Erwähnten.

Die Futterdiele wird täglich wenigstens ein Mal durch den Kuhhirten mit dem Besen tüchtig und gehörig von allem Staube, Sande und Unrathe gereinigt, welches um so nothwendiger ist, wenn die Ställe erst ausgemistet worden sind, weil dann gar leicht von dem Dünger auf die Futterdiele verstreut und verschleppt wird; Unreinigkeiten dieser und ähnlichen Art aber den Kühen das Futter verleiden. Aus dieser Ursache werden auch weder Schweine noch Federvieh im Viehhause geduldet.

Mit den vorhandenen verschiedenen Sorten Stroh wird bei der Futterung täglich so gewechselt, daß das Vieh von allen Sorten erhält, indem man durch diese Abwechselung dessen Appetit reizt; und futtert man Heu: so wird solches nur wohl aufgeschüttelt und gelockert, dadurch vom Staube bestens befreit, vorgegeben.

Auf den Gesundheitszustand und die besonderen Eigenschaften eines jeden einzelnen Stück Viehes muß von dem Hirten unausgesetzt mit größter Sorgfalt geachtet werden. Manche an sich gute Kuh ist dennoch im Winter schwer zu

futtern

futtern und durch denselben zu bringen. Kühe dieser Art stellt man neben einander, und giebt ihnen von allem vorhandenen Futter das beste. Sie vergüten dann das auf sie Verwandte reichlich; begünstigt man sie aber nicht vor den andern, so läuft man Gefahr, sie entweder ganz zu verlieren, oder nur geringen Nutzen von ihnen zu haben.

Wenn die Gesundheit der Kühe in dem gehörigen Zustande ist, verzehren sie sämmtlich das ihnen vorgeschüttete Futter mit einer gewissen Lebhaftigkeit; bemerkt man aber, indem man die Futterdiele entlang geht, einzelne Stücke, die dies nicht thun, und mäßig zurückstehen, ohne von ihren Nachbaren zurück gestoßen zu seyn: so ist dies ein sicheres Zeichen, ihnen fehle etwas, und man muß dann sorgfältig untersuchen, was? um der nöthigen Heilmittel sich bedienen zu können.

Je besser die Kühe gefuttert, gepflegt und gewartet werden, insbesondere aber je mehr Korn sie bekommen, desto schneller wechseln sie die Haare, und wenn sie selbige schon vor Weihnachten verlieren, wenn sie recht munter und lebhaft aus den Augen sehen, wenn um diese herum ein Kreis ist: so ist dies ein Zeichen, daß sie gut gefuttert sind, sollten sie auch nicht sehr wohlbeleibt seyn, als welches theils davon abhängt, wie sie auf den Stall gekommen sind, theils von dem mehreren oder wenigern Heue, was man ihnen hat geben können.

Die im Schleswig-Holsteinischen gewöhnlichen Rindviehställe dürfen sehr einfach genannt werden. Entweder sind die Kühe der Länge des Stalles hin neben einander in zwei, oder auch in vier Reihen aufgestellt. Erstere Art hat nicht allein die Annehmlichkeit, daß sich das Vieh dabei weit besser präsentirt, sondern es ist auch gewöhnlich bei derselben auch die Futterdiele von merklicherer Breite, wodurch immer ein bedeutender Strohvorrath auf dieser geborgen werden kann. Uebrigens werden unsere Viehhäuser warm und vor Zugluft möglichst gesichert gehalten, und enthalten gewöhnlich außer einer sogenannten Häckselkammer noch ein Schlafstübchen für den Kuhhirten.

* * *

Was die im Schleswig-Holsteinischen gebräuchliche Nutzung des Rindviehes anbetrifft: so besteht solche

II. in der Anwendung der Milch.

Von der Molkerei wird in den Herzogthümern alljährlich ein sehr bedeutender Gewinn gezogen. Sie wird benutzt durch Verfertigung von Butter und Käsen. Mit der Buttermilch oder Waddick zieht man Schweine auf und mästet sie.

Auf vielen größeren und kleineren Gütern ist das Holländereiwesen an Leute, die hier Holländer genannt werden, verpachtet. Höfe, die nur 40 bis 50 Kühe halten, betreiben jedoch meistens ihre Molkerei für eigene Rechnung.

In beiden Fällen habe ich dem Leser zuförderst und ehe ich ihn mit der fabrikmäßigen Bereitung der Butter und Käse, so wie mit der Schweinemastung in unseren Landen näher bekannt mache, von dem zum Holländereibetriebe gehörenden Lokale, den Geräthschaften und dem Personale zu sagen.

1. Das Lokal.

Das Lokal zur Meiereiwirthschaft besteht bei uns vor allen andern in einem Gebäude, das nicht allein zum Betriebe der Molkerei, sondern auch zur Wohnung für den

Meierei-Aufseher und die Meierin (Meiersche), oder den Holländer und dessen Familie, wie auch der nöthigen Dienstboten zweckmäßig eingerichtet ist.

In dem erwähnten Gebäude bemerken wir zuerst den Milchkeller (das Molkenzimmer). Dieser ist so angelegt, daß er, vermittelst seiner Lage nach Norden, dem Sonnenlichte nicht ausgesetzt ist. Um ihn kühl und luftig zu erhalten, ist er einige Fuß tief in die Erde gegraben, wenigstens 14 bis 16 Fuß hoch vom Boden, und nach seinen äußern Seiten hin statt der Fenster zwei Reihen Gitter (Trallen) angebracht, wovor sich nach außen zu hölzerne Luken (Thüren) befinden, die willkührlich geöffnet und geschlossen werden können, so wie es die Umstände erforderlich machen. Da, wo die Lage des Molkenzimmers von der Art ist, daß an der einen Seite die Sonnenstrahlen auf ihn fallen, wird ihm durch Anpflanzung von Bäumen oder hochwachsenden Gesträuchen der so nöthige Schatten verschafft. Insgemein ist der Fußboden des Kellers mit Backsteinen ausgelegt; die Auslegung mit Fliesen — welche man seltener findet — ist jedoch besser.

Der Boden der Molkenkammer hat so viel Fall, daß beim Spühlen derselben das Wasser abfließt, und durch eine außerhalb befindliche Rinne fortgeschafft wird. Bei der Anlage eines Milchkellers sucht der umsichtige holsteinische Landwirth ihm eine solche Größe zu geben, daß er selbst zur Zeit, wo die Milch am häufigsten ist, nicht nöthig habe, die Gefäße, worin solche aufbewahrt wird (die Bütten), auf oder über einander zu setzen, sondern solche immerdar neben einander Platz finden. Nichts verhindert die so nützliche schleunige Abkühlung der Milch mehr, und veranlaßt dadurch, daß sie schneller säuert, mithin den Rahm nicht genugsam absetzt, als das Auf= und Uebereinandersetzen der Milchbütten, wozu man sich zuweilen genöthigt sieht, weil die Molkenkammer zu klein ist. — Der Schleswig=Holsteinische Landwirth nennt dann seinen Milchkeller hinreichend geräumig, wenn dieser die Milch von dreimaligem Melken in der besten Milchzeit, nämlich im Juni, fassen kann. Nimmt dann in der Folge die Milch ab: so findet man in kühler Luft auch den erforderlichen Platz zum vierten Satz *).

Die Butterkammer — besser der Butterkeller — ist in dem oben benannten Gebäude immer dergestalt angebracht, daß sie auf keine Weise der Sonne zugänglich ist. Es findet sich darin so viel Platz, daß nicht nur die zum Ausarbeiten der Butter nöthigen Tröge Raum haben, sondern die bereits in Gebinde geschlagene Butter bis zur Verschickung darin aufbewahrt werden kann. Der Fußboden des Kellers ist, gleich dem der Molkenkammer, mit Backsteinen oder Fliesen ausgelegt, damit er durch fleißiges Spühlen möglichst rein erhalten werden könne.

Die vorräthige Butter in der Butterkammer muß kühl, aber ja nicht feucht stehen.

Die Käsekammer, in dem zum Betriebe der Molkerei mehrbesagten Gebäude, sucht jeder erfahrne Meierei=Wirthschafter dermaßen von dem Milch= und Butterkeller zu trennen, daß die Ausdünstungen der Käse, welche in ihr aufbewahrt werden, und der sich aus ihnen entwickelnde Geruch sich weder der Milch noch der Butter — die beide in dieser Hinsicht sehr empfindlich sind — mittheilen und ihnen nachtheilig werden können. Die Holsteinischen Käsekammern sind zwar mehr

*) Die Milch, welche von einmaligem Melken aufseihet, heißt bei uns: ein Satz.

warm als kühl, jedoch im Ganzen von gemäßigter Temperatur. Zu wenig Mangel an Luft sucht man sorgfältig zu vermeiden, weil die Käse sonst eben so leicht schimmeln, und nicht schnell genug trocknen, wie sie bei einem zu starken Luftzuge leicht reißen.

Die sogenannte Gosse befindet sich gewöhnlich im Haupteingange der Meierei, und vertritt gewöhnlich die Stelle der Küche, auch der Hausdiele (Hausflur), oder grenzt, wenn letzteres nicht der Fall ist, an diese. Sie ist meistens so geräumig, daß nicht allein die zur Bereitung der Käse erforderliche große Balje, das Geräthe zum Pressen der Käse, ein Wasserküben ꝛc. Platz darauf finden, sondern auf ihr auch alles Meiereigeräthe gereinigt werden kann. Der gewöhnlich etwas erhabene Feuerheerd auf der Gosse ist von der Größe, daß der große kupferne Kessel, worin die Milch zur Bereitung der Käse erwärmt wird, hinlänglich Raum darauf hat. An dem einen Ende des Heerds findet man einen großen kupfernen Kessel (Pfanne) eingemauert, in welchem durch untergelegtes Feuer Wasser und Lauge zur Reinigung des Geräthes zum Sieden gebracht wird. Der abschüssige Fußboden ist gewöhnlich mit Backsteinen ausgelegt, seltener mit dicken buchenen Bohlen, zuweilen jedoch auch mit kleinen Feldsteinen ausgedrückt, welches indessen nicht sehr zur Erhaltung der bei dem Meiereibetriebe so nöthigen Reinlichkeit beiträgt.

Die Speisekammer und der Keller in der Meierei dienen zur Aufbewahrung der für den Molkerei-Haushalt erforderlichen Viktualien.

Außer den bisher erwähnten Gelegenheiten finden wir meistens in dem Schleswig-Holsteinischen Meiereigebäude noch Folgendes:

eine Stube nebst Schlafkammer für den Holländer und dessen Familie, oder den Meierei-Aufseher und die Meiersche;

eine Stube, worin die Leute gespeist werden und die Mädchen spinnen, daher gewöhnlich Spinnstube genannt;

eine Kammer für den Böttcher, Meiereiknecht und Schweinehirten;

eine Schlafkammer für die Mädchen, die so geräumig seyn muß, daß nicht nur die erforderlichen Bettstellen, für zwei Mädchen eine gerechnet — sondern auch die Koffer und Laden derselben bequem Platz finden.

In unsern besser eingerichteten Meiereigebäuden fehlt zuweilen nicht eine eigne kleine Milchkammer für den Winter, worin vermittelst eines geheizten Ofens die zum gehörigen Aussahnen der Milch nöthige Temperatur der Luft auch bei der größten Kälte bewirkt werden kann.

Nicht weit von unserem Meiereigebäude liegt gewöhnlich der Schweinekoben. Man findet hier meistentheils die Einrichtung, daß die Molken aus der Käsebalje vermittelst einer hölzernen Rinne nach dem im Schweinekoben stehenden Trankküben geleitet werden können, man also der Beschwerde überhoben ist, die Waddick in Eimern dahin zu tragen. Die Größe des bloß zum Mästen der Schweine bestimmten Kobens muß sich nach der Zahl der Schweine richten, welche man aufzulegen gedenkt, und diese Zahl wieder in Verhältniß mit den vorhandenen Holländerei-Kühen, so wie der davon zu hoffenden Milch stehen. In den Herzogthümern nimmt man als Regel an, daß so viel jährige Schweine aufgelegt und während des Sommers bloß von Molken und

Milch fett gemacht werden können, als man 10 Holländerei-Kühe hat.

In unsern zweckmäßiger eingerichteten Schweinekoben sind inwendig mehrere Abtheilungen, um nach Erfordern die zu mästenden Schweine trennen zu können. Der Fußboden des Kobens besteht aus eichenen Bohlen, welche auf einer einige Fuß von der Erde erhöhten Unterlage ruhen. In die Bohlen des Fall habenden Fußbodens sind viereckige Löcher geschnitten, durch welche nicht nur der Urin abläuft, sondern man auch ein paar Mal des Tages den Mist dergestalt abfegt, daß er unter dem erhöhten Fußboden des Kobens liegen bleibt, von wo aus er zur bequemen Zeit fortgeschafft wird.

Die Tröge, aus welchen die Schweine fressen, sind von buchenem Holze. Sie befinden sich gewöhnlich außerhalb des Kobens, worauf die Thiere liegen, damit sie nicht hineintreten und ihr Futter verunreinigen können. Nach außen zu sind sie mit einer Fallthüre verschlossen, die nur geöffnet wird, wenn Futter eingeschüttet werden soll.

Außer den Ställen für die zu mästenden Schweine befindet sich in dem Koben ein abgesonderter Platz für die zur Auffassung der Milch, Molken rc. erforderlichen Trankküben, so wie für einige andere Gefäße, falls man gegen Ende des Sommers auch mit Korn mästen will, in welchem Falle der sauren Mästung Vorzug vor der süßen gebührt, man also sich auf mehrere Gefäße richten muß, um vermittelst derselben durch Einmischung des Futters zu verschiedenen Theilen immer gesäuertes zu haben.

Nur zu häufig findet man auch im Schleswig-Holsteinischen Schweinekoben so fehlerhaft gebaut, daß der Urin der auf ihnen gemästeten Thiere, so wie ein Theil des Düngers ungenutzt in ein angrenzendes Wasser, einen Teich oder Pfütze rc. abfließt, mithin ein kräftiger und sehr schätzbarer Dung größtentheils verloren geht.

Unter den Meierei-Gebäuden bemerken wir ferner die Meierei-Scheune, welche gewöhnlich, wenn die Kühe verpachtet sind, den Stallraum für des Holländers Pferde, deren Solchem nach der Größe der Holländerei 2 bis 3 bewilligt zu werden pflegen, enthält. Außer dem Pferdestalle sind in der Scheune noch mehrere Schweineställe, in der Regel nur mit Feldsteinen gebrückt, zu finden. Der obere Theil des Gebäudes unter dem Dache wird meistens zur Aufbewahrung des rauhen Futters für die Pferde des Holländers benutzt. Im untern Theile gedenken wir noch einer dichten, aber hellen und verschließbaren Kammer, die zur Werkstätte für den Böttcher, zur Aufbewahrung seines Werkzeuges und eines Theils des von ihm zu bearbeitenden Nutzholzes dient. Das übrige Nutz- so wie das Brennholz zu bergen, ist ein besonderer Stall in dieser Scheune sehr zweckmäßig, jedoch nicht allenthalben vorhanden.

Unter dem zum Meiereibetriebe erforderlichen Gebäulichkeiten ist die Buttermühle in allen Holländereien von einiger Bedeutung unentbehrlich, um sich vermittelst ihrer und eines Pferdes, welches sie in Bewegung setzt, das Stoßen der Butter aus dem sauren Rahme zu erleichtern. Früher bediente man sich in Schleswig und Holstein statt ihrer großer Winden, die von Menschen gezogen, oder hin und her geschwenkt wurden. Sie sind aber, als für die Menschen zu beschwerlich und angreifend, um so mehr allgemein abgeschafft, da man die Meierei-Arbeiter während der Zeit, welche man sie bei diesen Winden zum Buttern braucht, anderweitig zweckmäßiger anstellen und beschäftigen kann.

In dieser Buttermühle bemerken wir zuerst das Kammrad, ein großes, auf mehreren Stützen, die sich unten in einer senkrecht umlaufenden Welle vereinigen, horizontal ruhendes Rad, worin sich eine Menge Kämme befinden, welche in die Triebstücke einer kleinern horizontal liegenden Welle greifen, und diese, wenn das Kammrad in Bewegung gesetzt wird, umtreiben. An dem äußern Ende dieser kleineren Welle befindet sich der sogenannte Schwang, welcher ganz von Eisen ist, und der Gestalt eines S ähnelt. In diesem Schwang wird der Stiel der Butterscheibe, welche am Ende mit einem starken Eisen, das mehrere Löcher hat, versehen ist, vermittelst eines eisernen Bolzens, wovor ein Splint gesteckt wird, befestigt, dergestalt, daß, wenn nun die Buttermühle in Bewegung gesetzt wird, die Butterscheibe gleichmäßig auf und nieder geht, jedoch ohne den Boden des Butterfasses zu berühren, und so die Absonderung der Butter aus dem Rahme das Buttern bewirkt.

Die Buttermühle in Bewegung zu setzen, ist in dem untern Theile der vorhergedachten senkrecht umlaufenden großen Welle des Kammrades ein starker Baum befestigt, an dessen äußerem Ende ein eiserner Ring mit einem Haken, in welchen der Schwengel gehängt wird, woran man das Pferd spannt, welches immer rund umgehend die Mühle in Bewegung bringt.

An dem Schuppen, welcher zum Schutze der Buttermühle über derselben sich befindet, ist der untere Theil von Bindwerk (Fachwerk), das bald mit Brettern oder Bohlen bekleidet, bald mit Steinen ausgemauert, bald nur ausgezäunt, zuweilen auch ganz offen ist. Das Dach, welches auf der von Bindwerk errichteten Einfassung der Buttermühle ruht, ist gewöhnlich von Stroh oder Rohr.

Die Hofstelle der Holländerei ist, der laufenden Schweine wegen, welche Morgens und Abends auf derselben gefuttert werden, befriedigt, entweder mit einem Plankwerk, oder einem starken, am besten einem Dornenzaun. Gewöhnlich findet auf ihr auch ein Theil des Brennmaterials an Holz und Busch, welches in der Meierei verbraucht wird, Platz.

2. Die Geräthschaften.

Unter den zum Meierei=Betriebe gehörenden Geräthschaften bemerken wir zuerst: die Milchbutten, zirkelrunde, ohngefähr 2 Fuß im Durchmesser haltende, etwa einen halben Fuß hohe, oben offene flache Gefäße von Eichen=, seltener von Buchenholz, deren aufrechtstehende Stäbe (Dauben) durch Reifen von Haseln oder Weiden zusammengehalten werden, indem der zirkelrunde Boden, nach seiner äußern Seite zu etwas geschärft, in die Kröse genau einpaßt.

Zu allem Meiereigeräthe hat das Eichenholz insofern den Vorzug, weil es unter allen Holzarten am längsten ausdauert; doch findet man manches, insbesondere Bütten, da wo das Eichenholz selten und kostbar ist, auch von Buchenholz. Eine gute holsteinische Milchbütte ist vo iungem, zähem, feinadrigem, nicht überspähnigem Holze, und enthält keinen Splint. Grobfaseriges, überspähniges, sprödes Holz springt beim Reinigen der Bütten mit heißer und scharfer Lauge, so wie beim Auskochen und Trocknen derselben leichter theilweise aus, die Milch setzt sich in die dadurch entstehenden kleinen Lücken leichter an, und diese erschweren folglich die gehörige Reinigung. Findet sich aber Splint an den Bütten, so fault dieser, weil er weicher ist, als das übrige Holz, schneller, und die Bütten werden mithin eher unbrauchbar. Diese müssen vom Böttcher so sorg=

fältig gearbeitet und so genau zusammengefügt seyn, daß sie nirgends Wasser durchlassen. Manche unsrer Böttcher, welche in Zusammenfügung der Bütten die gehörige Sorgfalt und Akkuratesse nicht beobachten, suchen diesen Mangel durch zwischen die Stäbe oder die Spalte des Bodens, wo solcher zusammengesetzt ist, gelegten Schilf (Reddich genannt) zu verbessern. Milchbütten dieser Art nimmt aber kein erfahrner Schleswig-Holsteinischer Meier von ihnen an, und kassirt sie, weil das Schilf nur für einige Zeit seine Dienste leistet, bald vergeht, und die Milchbütten dann leck, folglich unbrauchbar werden.

Auf jede Kuh, welche in einer Schleswig-Holsteinischen Meierei gehalten wird, rechnet man 2 Milchbütten.

Die Milcheimer, gewöhnlich von Eichenholz, halten im Durchmesser circa 19 bis 20 Zoll, oben etwa 15 bis 16, und die Seitenstäbe sind ungefähr 13 bis 14 Zoll hoch.

Zu jedem Eimer gehört ein zirkelrundes hölzernes Brükken von Buchenholz.

In ältern Zeiten hatte man jeden Milcheimer so groß, daß 18 bis 20 Kannen Milch darin fortgeschafft werden konnten; in neuern Zeiten aber hat man sie nur für das männliche Gesinde, welches bei der Meierei angestellt ist, von dieser Größe, für die Mädchen dagegen kleinere, von 14 bis 16 Kannen.

So vielen Personen in einer Holländerei das tägliche Melken obliegt, so viel Paar Milcheimer sind erforderlich, und außer diesen noch ein oder zwei Paar zur Reserve.

Die Rahmstannen, von Eichenholz, gleichen einer großen, aufrecht stehenden Biertonne. Man hat sie hier mit hölzernen und auch mit eisernen Reifen. Letztere sind der

Dauerhaftigkeit wegen vorzuziehen, müssen aber der Reinlichkeit halber vom Schmidt blank gefeilt und von Zeit zu Zeit durch Scheuern mit einem Ziegelsteine von allem Roste frei erhalten werden. An den Rahmstannen mit hölzernen Reifen ist doch mehrentheils unten ein Band von Eisen, weil dieser, als zunächst an der Erde, auch der Feuchtigkeit am mehrsten ausgesetzt ist. Oben an den Rahmstannen ragen zwei Stäbe, einander gerade gegenüber, einige Zoll hervor, um den losen mit einem Handgriffe versehenen Deckel, der nach der Breite vorgedachter hervorstehender Stäbe etwas eingeschnitten ist, übrigens aber die Oeffnung der Stanne ganz bedeckt, zu befestigen, indem er zwischen die Stäbe eingeklemmt wird. Dieser Deckel wird nach Erfordern ganz geschlossen, etwas geöffnet, oder völlig abgenommen. Im letzteren Falle immer, in den beiden ersten mehrentheils, wird in allen Meiereien, wo man auf Reinlichkeit gehörig hält, ein sauber weißes leinenes Tuch oben über die Rahmstanne gebreitet, um alles Unreine von dem Rahm abzuhalten.

Drei bis vier Rahmstannen sind in jeder Meierei erforderlich. Ihre Größe richtet sich nach der des Butterfasses; denn das, was eine Rahmstanne auf Einmal an Rahm fassen kann, wird zur Zeit abgebuttert. Bei den Rahmstannen gehört auch noch ein Geräthe, womit der Rahm, wenn er anfängt sich zu verdicken, von Zeit zu Zeit durchgerührt, und eine Seiheleiter, worauf das Rahmthems gesetzt wird, um durch solches den Rahm, nachdem er den Bütten entnommen ist, zu seihen. Ersteres besteht aus einem kleinen runden Teller, in dessen Mitte ein glatter zierlicher Stock von Haseln oder Weiden, etwas länger wie die Rahmstanne befestigt ist. Letzteres besteht aus zwei kleinen sauberen Stäben von Buchenholz, so lang, daß sie über die Oeffnung der

Rahmstanne hinreichen, die in einiger Entfernung von einander durch zwei kleinere Querstäbe zusammengefügt sind. Das auf diese Art in der Mitte der Seiheleiter entstehende Quadrat, dessen Größe sich nach dem Rahmthems richtet, dient diesem zur Unterlage, wenn der Rahm durchgeseiht werden soll.

Die Buttermilchstanne gleicht völlig der Rahmstanne. Zum Ausschöpfen der Buttermilch, welche in ihr aufbewahrt wird, bedient man sich einer kleinen zierlichen Bütte (Stabbütte) mit hölzernen Reifen, deren Einer Stab oben etwas hervorragt, um als Handhabe zu nützen.

Das Butterfaß ist zirkelrund, unten weit, oben enger, von starken eichenen Stäben, die durch breite eiserne Reifen zusammen gehalten werden, wohl zusammengefügt. Oben an der Oeffnung ist es rund herum auf einige Zoll tief eingefalzt, und in diese Falze paßt der starke Deckel von Eichenholz ganz genau ein. In der Mitte des Deckels befindet sich ein rundes Loch, so groß, daß der Stiel der Butterscheibe bequem darin auf und nieder gehen kann, aber auch ja nicht größer. Oben auf demselben zu beiden Seiten, gerade gegen einander über, sind zwei eiserne bewegliche Ringe befestigt, vermittelst deren der festschließende Deckel abgenommen wird. In diesem sind auch noch zu beiden Seiten, gegen einander über, zwei kleine runde Löcher gebohrt, die durch einen hölzernen Knebel geöffnet und verschlossen werden können. Jenes geschieht, wenn beim Buttern Wasser zugespühlt wird; verschlossen werden sie aber wieder, nachdem dies geschehen ist, und während des Butterns, damit durch sie kein Rahm ausspritze. Dies letztere zu verhindern, dient auch der um den Stiel der Butterscheibe herumlaufende Wigger; auch wird beim Buttern ein weißes leinenes Tuch um die Oeffnung, durch welche der Stiel der Butterscheibe geht, gelegt.

Die Butterscheibe besteht aus einem breiten Kreuze, so groß, daß es bequem ins Butterfaß hineingehen kann, von ziemlich starkem buchenem Holze. In dasselbe ist Loch bei Loch gebohrt, durch welche beim Stoßen des Rahms zur Butter jener den Durchgang findet. In der Mitte der Butterscheibe ist ein starker runder und glatter Stiel von Eichen- oder Eschenholz, so lang, daß er vermittelst des an dem obern Ende befindlichen starken Eisens, welches dem Mauleisen an einem Wagen ähnelt, und oben mehrere Löcher hat, bis an den Schwang der Buttermühle reicht, wohl befestigt. Damit das Butterfaß, der beim Buttern entstehenden starken Bewegung ungeachtet, unverrückbar fest stehe, ist eine zirkelrunde Vertiefung auf ein Paar Zoll, von Backsteinen gemauert, in welche das Butterfaß mit seinem untern Theile genau paßt.

Die Butterscheibe geht beim Buttern im Fasse entweder gleichmäßig auf und nieder, oder bewegt sich in der Runde; ob sie dieses oder jenes thut, beruht auf die Einrichtung der Mühle. Ersteres ist gewöhnlicher; wo letzteres Statt findet, ist das Butterfaß inwendig noch mit einigen Klötzen ausgeschlagen, woran der gebutterte Rahm, vermöge des raschen Drehens der Scheibe, unaufhörlich geschleudert wird. Es soll dies ein schnelleres Abbuttern bewirken.

Die Rahmschüssel ist zirkelrund, aus einem einzigen Stücke Buchenholz, konkav, äußerst dünn und fein gearbeitet, und hält im Durchmesser ohngefähr 11 bis 14 Zoll. An demselben ist ein zierlich gedrechselter Stiel, ohngefähr von der Länge eines halben Fußes, das zur Handhabe dient. Diese Rahmschüssel wird zum Abrahmen der Sahne von der Milch gebraucht.

Die Rahmeimer von Eichenholz, mit weißen hölzernen Reifen, jeder Eimer 10 bis 12 Kannen haltend, dienen dazu, den Rahm, so wie er von der Milch geschöpft wird, aufzunehmen, und ihr in denselben zum Einseihen nach den Rahmstannen zu tragen. In jeder einigermaßen beträchtlichen Meierei sind deren gewöhnlich zwei Paare vorhanden.

Das Milchthems ist ein Haarsieb mit einem ziemlich hohen Rande, nach der Art, wie man ihn um die gewöhnlichen Siebe sieht. Es wird dadurch die Milch in die Bütten geseihet, um sie von allen Unreinlichkeiten, die sich während des Melkens mit ihr vermischt haben, sorgfältig zu befreien. Beim Einkauf dieses Milchthems hat man darauf zu sehen, daß das darin befindliche Haartuch ächt sei, und nicht zum Theil aus Wolle bestehe, weil diese sich von der Wärme zusammenzieht, und dann die Milch nicht gut durchläßt.

Das Rahmthems gleicht beinahe völlig dem Milchthems; nur ist das darin befindliche Haartuch minder dicht gewebt, weil es sonst den dicken Rahm nicht durchlassen würde.

Das Käsethems, vollkommen dem vorherbeschriebenen Milchthems ähnlich, dient beim Käsemachen zum Durchseihen der Waddick, damit die in ihr noch befindlichen Käsekrumen (Wrurgel) zurückbleiben. Demselben zur Unterlage dient eine Seiheleiter, gleich der, welcher man sich beim Durchseihen des Rahms bedient.

Außer den erwähnten Meierei=Geräthschaften bemerken wir noch drei messingene Kessel von 3, 3½ bis 4 Kannen, womit man die Milch aus den Eimern, in welchen sie gemolken ist, durch das Haarsieb in die Bütten seihet. Weil man bekanntlich nach den verschiedenen Jahreszeiten mehr oder weniger Milch in die Bütten seihet: so bedient man sich nach Umständen der kleineren oder größeren Kessel dazu. In großen Holländereien, wo von zwei Per=

sonen zugleich die Milch aufgeseihet wird, ist die doppelte Zahl dieser Kessel vorhanden, die man auch mit nach der Regel (dem Weideplatze, wo die Kühe zum Melken zusammengejagt werden) nimmt, um in sie die Kühe, wenn die großen Milcheimer bereits schon zu sehr angefüllt sind, zu melken.

Ein kupferner Kessel dient zum Erwärmen der abgerahmten Milch bei Verfertigung der Käse. Seine Größe richtet sich nach der Zahl der Kühe, aus der eine Holländerei besteht.

Der Käsekopf, von Ellernholz, ist rund gedrechselt, oben und unten zur Verhinderung des Spaltens mit einem hölzernen oder eisernen Reifen versehen, hat in seinem Boden mehrere kleinere Löcher, durch welche die Waddick von dem Käse, welche darin gepreßt wird, abfließt. Zu demselben gehört noch eine Drückschüssel und ein Folger, beides von Buchenholz. Erstere gleicht einem rund gedrechselten hölzernen Teller, welcher genau in den Käsekopf paßt; letzterer ist aber etwas kleiner und dicker, und in der Mitte über demselben eine starke Leiste genagelt. Wenn der Käse bis zum Pressen (Passen) hinreichend bearbeitet ist, wird er in dem Käsekopf dergestalt zur Preßbank (Paßbank) gebracht, daß oben auf dem Käse zuerst die Drückschüssel und auf diese der Folger gelegt wird. Man hat die Käseköpfe von so verschiedener Größe, daß die in ihnen gemachten Käse, wenn sie zur Ablieferung geschickt sind, 16 — 24 Pfund wägen.

Die Preßbank besteht aus einer breiten eichenen Bohle, und hat, je nachdem sie länger oder kürzer ist, drei auch mehrere breite hölzerne Füße, von denen immer einer etwas kürzer wie der andere, und der kleinste etwa einen halben Fuß hoch ist, so daß die Bank nach dem einen Ende zu Fall hat, und niedriger ist, als an dem entgegengesetzten. An dem niedern Ende ist die Bank in einen sehr stumpfen Winkel zugespitzt, und da sie oben an den übrigen drei Seiten einen etwas hervorstehenden Rand hat, hier aber nicht: so läuft an demselben die durch das Pressen aus dem Käse herausgebrachte Waddick in ein untergesetztes Gefäß, mit welchem es dann seiner Zeit nach dem Trankküben zur Mastung der Schweine gebracht wird. Diese Paßbank hat ihre Stelle an einer Wand, und an diese ist eine starke Leiste wohl befestigt. Sind nun auf ihr die Käseköpfe mit den in selbigen zu pressenden Käsen vorerwähnter Maaßen nebst Druckschüssel und Folger neben einander hingestellt: so wird zur Pressung eines jeden Käses ein starkes, ohngefähr 6 bis 7 Fuß langes föhrnes Brett mit dem einen Ende unter die an der Wand befindliche Leiste gesteckt und an dem andern, und von da nach der Mitte zu mit großen Feldsteinen dermaßen beschwert, daß, wenn nun dadurch das auf der Leiste des Folgers ruhende Brett den Käse je länger je mehr zusammenpreßt, solcher dadurch von aller Waddick möglichst befreit wird.

Man hat auch Preßbänke von der Art, daß vermittelst angebrachter starker hölzerner Schrauben Folger und Drückschüssel von Zeit zu Zeit fest an den im Käsekopfe befindlichen Käse gepreßt werden, indem man, so oft es angehen will, die Schraube möglichst fest dreht. Diese Preßbänke sehen freilich zierlicher aus, erfordern aber auch mehrere Aufmerksamkeit in Hinsicht des von Zeit zu Zeit erforderlichen Nachschraubens, welches bei der zuerst gedachten Art nicht erforderlich ist, daher sie den Vorzug verdient.

Die Käsefetten sind nach der Art der Käseköpfe, jedoch etwas flacher, von Ellernholz rund gedrechselt, und ihre Größe richtet sich nach diesen. In sie werden die Käse, nachdem sie in den Köpfen hinreichend gepreßt sind, gelegt, und unter täglichem Umwenden darin so lange aufbewahrt, bis sie hinreichende Festigkeit und die gewünschte Form erhalten haben. In dem Boden der Setten befindet sich ein kleines Loch zur Abführung der aus dem Käse nachsinternden Feuchtigkeit.

Wir wenden uns nun zu den Käsestellen. — Man denke sich sauber gearbeitete Leitern, die von dem Fußboden der Käsekammer bis fast an deren Decke reichen; in ihnen starke Sprossen, anderthalb bis zwei Fuß von einander entfernt; die Leitern aufrecht in einer Linie hingestellt, und des Feststehens halber unten mit Füßen versehen: ferner auf den Sproßen 1½ — 2 Fuß breite glatt abgehobelte föhrene Bretter gelegt: so hat man die Käsestellen oder Gerüste, welche mehrere Riege von unten bis oben enthalten, worauf man die Käse, wenn sie aus den Setten genommen werden können, neben einander hinstellt, und sie auf solchen unter täglichem Umwenden und Abwischen mit eigens dazu gehaltenen Tüchern von hedener Leinewand so lange stehen läßt, bis sie zur Ablieferung an den Kaufmann geschickt sind.

Diese Käsestellen haben ihren Platz in der Käsekammer, zuvörderst rund herum an den Wänden derselben, dann auch in der Mitte dieser frei- und immer so stehend, daß man stets zu den Käsen gelangen kann, um sie bis zur hinreichenden Abtrocknung nicht nur täglich abwaschen, sondern auch dergestalt umkehren zu können, daß diejenige Seite, welche den Tag zuvor unten gewesen ist, am folgenden obenan kommt.

Zum Käsemachen sind noch erforderlich:

1) ein auf beiden Seiten glatt abgehobeltes, ohngefähr 2 Fuß langes, 1½ Fuß breites, einen Zoll starkes Brett von Buchenholz, mit welchem die Käsekrumen in

der Käsebalje zusammengetrieben werden, um die Waddick ab und ausschöpfen zu können;

2) ein messingener Kessel von 4 — 5 Kannen, womit die Waddick aus der Käsebalje geschöpft, und durch das Käsethems geseihet wird.

In vielen schleswig-holsteinischen Meiereien hat man die sehr zweckmäßige und bequeme Einrichtung, daß diese Waddick vermittelst einer auf Stützen ruhenden hölzernen Rinne unmittelbar von der Käsebalje nach dem Trankküben geführt wird, indem diese Rinne durch eine Oeffnung der Mauer des Meiereigebäudes geht, und dort innerhalb desselben einen viereckigen Kasten hat, worin die Waddick, so wie sie aus der Käsebalje kommt, von der Meierin gegossen wird.

3) Ein großer hölzerner Löffel (Schlef) mit einem kurzen Stiel, an dessen Ende ein Haken, um ihn aufhängen zu können. Mit ihm wird die Waddick, wenn sie beginnt so sparsam in der Käsebalje zu werden, daß man sie mit dem Kessel nicht ausschöpfen kann, vollends in diesen gefüllt.

Der Buttertrog ist von Buchenholz aus einem Stücke in der Form eines Backtroges, aber weiter gehauen, oder, welches freilich minder gut ist, von starken buchenen Bohlen wohl zusammengefügt. Er dient zur Bereitung der Butter, wenn sie dem Butterfasse entnommen ist, und ruht auf zwei hölzernen Schragen (Gerüsten), die oben nach der untern Mündung des Backtroges, ohngefähr in der Form einer sehr großen Wagenfelge ausgehöhlt sind, unten drei Füße von der Höhe haben, daß ein Frauenzimmer bequem die Butter im Troge bearbeiten kann. Die eine Schrage ist etwas niedriger als die andere, damit der Buttertrog eine nach einer Seite sich neigende Lage bekomme. An dem niedern Ende desselben ist in ihm ein Loch gebohrt, wodurch die Flüssigkeit, welche bei Behandlung der Butter aus ihr herausgebracht wird, in ein darunterstehendes Gefäß abfließt, um demnächst zur Vermehrung des Tranks für die Schweine zu dienen.

An Geräthe finden wir weiter in den schleswig-holsteinischen Meiereien:

a) ein oder zwei hölzerne Löffel (Schlefe), welche zu Zeiten bei Bereitung der Butter, so wie auch solche aus dem Butterfasse zu schöpfen, benutzt werden.

b) hölzerne Dreifüße zum Reinigen (Schrubben und Bohnern) der Butten, Eimer rc. Sie bestehen aus drei Stücken ziemlich starken buchenen Holzes, die in einem Dreiecke dergestalt zusammengefügt sind, daß die dadurch entstehende dreieckige Oeffnung in der Mitte der Größe der Bütten und Eimer entspricht. An jeder Ecke haben sie einen einfachen runden, aber ziemlich starken hölzernen Fuß, so hoch, daß ein Schrubbeimer unter dem Dreieck stehen kann. Auf diesen Dreifüßen werden Bütten und Eimer gereinigt, und die dazu angewandte Lauge gießt man von Zeit zu Zeit, nachdem sie bei der Reinigung ihre Dienste gethan hat, in die darunterstehenden Schrubbeimer. Ihre Zahl richtet sich nach der Größe der Meierei. So viele Dreifüße aber erforderlich sind, so viele

c) Schrubbeimer müssen auch vorhanden seyn. Ihr Zweck ist schon vorher angegeben. Man nimmt gewöhnlich abgängig gewordene Milch-, Wasser-Eimer oder dergl. dazu.

d) Die Schrubbers. Eine Art kleiner Besen, die zirkelrund, ohngefähr einen Fuß lang sind, 1½ Zoll im

Durchmesser halten und von einer Art Heidekraut gebunden werden, dienen zur erstern Reinigung des Meiereigeräthes aus dem Groben. Man kauft sie hier bundweise für eine Kleinigkeit.

e) Die Bohners. Eine Art zirkelrunder, 3 bis $3\frac{1}{2}$ Zoll im Durchmesser haltende Bürsten von Schweinshaaren, die durch einen eisernen Ring zusammengehalten werden, mit einem kleinen Stiel. Mit diesen Bohnern werden die Bütten und Eimer u. s. w. vollends ausgebürstet (gebohnert), nachdem man sie vorher geschrubbt hat.

f) Das Bütten- und Eimer-Rück. Ein Gerüste, das aus zwei langen und starken Latten besteht, die auf ohngefähr 3 Fuß hohen Pfählen, in einer Entfernung von $1\frac{1}{2}$ — 2 Fuß neben einander genagelt sind. Es befindet sich außerhalb des Meiereigebäudes, in der Nähe desselben unter freiem Himmel. Auf demselben werden die Bütten und Eimer unmittelbar nach ihrer Reinigung, jene umgekehrt, aufgestapelt, diese umgekehrt hingestellt, damit sie auslecken und trocknen; müssen aber, so wie sie ausgetrocknet sind, zumal bei starker Sonnenhitze, ohne Aufschub wieder unter Dach gebracht werden, damit sie nicht zu sehr einschwinden und leck werden.

g) Die Trankküben von starken eichenen Stäben mit eisernen Bänden, zum Aufbewahren der Waddick, Milch u. dgl., welches den Trank bildet, der zum Mästen der Meierei-Kobenschweine angewandt wird.

Eine kleine Stabbütte dient zum Ausschöpfen des Tranks entweder unmittelbar in die Schweinetröge, oder in die

h) Trankeimer, um durch diese an den Ort der Bestimmung zu gelangen. Diese bestehen aus eichenen Stäben, bald mit hölzernen, bald mit eisernen Reifen.

i) So viele Spinnräder, als Mädchen in einer Meierei gehalten werden, mit den erforderlichen Spuhlen; bei jedem Spinnrade ein Haspelstern, und für sämmtliche Haspelsterne ein Zahlhaspelfuß.

k) Ein Spuhlrad mit einer Anzahl Spuhlen, worauf ein Theil des im Winter gesponnenen Garns zur Versendung an die Weber gespuhlt wird, indessen man sich zur Abwickelung des andern

l) der Garnwinden bedient. Endlich

m) an Betten, Betttüchern, überhaupt an Leinenzeug, so wie an Küchen-, Hausgeräthe u. dgl. so viel, wie das zur Betreibung der Meierei erforderliche sämmtliche Personal nöthig macht. —

Von selbiger Art, wie das Meierei-Inventar in den Holländereien der Güter, findet man solches durchgehends in den Milchwirthschaften unserer Bauern vor; jedoch, wie sich das von selbst versteht, in einem sehr verkleinerten Maaßstabe. Nur in Eiderstedt soll man sich, nach Volkmar's Bericht *), der kupfernen Gefäße zum Einseihen der Milch bedienen. —

Die größeren Bauern buttern gewöhnlich mit der Winde; in den kleinsten Wirthschaften wird mit der Hand gebuttert, doch habe ich auch mitunter gesehen, daß man die Bewegung der Butterscheibe vermöge eines Rades, welches von einer Person mit der Hand gedreht ward, bewirkte.

---

*) Versuch einer Beschreibung von Eiderstedt. Hamburg 1795. S. 251 ff.

Daß unser Milchgeräthe sämmtlich von Holz ist, möchte dem Ausländer mitunter wohl Wunder nehmen; indeß ahmen wir darin nur den Schweizern *), welche auch aus Erfahrung erprobt haben, daß das hölzerne Geräthe, sowohl seiner Dauer und Stärke, als übrigen guten Eigenschaften wegen, keinem andern vorzuziehen seyn möchte, nach. Es kommt nur darauf an, schweizerische und holsteinische Reinlichkeit bei seiner Behandlung zu beobachten; dann wird eine Säuerung desselben auch nicht zu befürchten seyn. Diese noch sicherer zu verhüten: hat man neuerlich in einigen Holländereien das Milchgeräthe inwendig mit Oelfarbe, gewöhnlich mit Mennig, roth anstreichen lassen. Hierbei hat man indeß auch darauf zu achten, daß die zuerst darin geseihete Milch, welche einen Geschmack von der Farbe annimmt, nicht in der Meierei selbst, sondern zur Fütterung für die Schweine verwendet; auch das angestrichene Geräthe weder ausgekocht, noch mit heißer Lauge ausgeschrubbt, sondern nur mit warmem Wasser gebohnert werde.

Dem Leser eine genaue Uebersicht des in einer großen holsteinischen Meierei benöthigten Holländerei-Inventars und der für dasselbe erforderlichen Geldauslage zu geben, lassen wir nachträglich noch das Verzeichniß eines für eine Meierei von 200 Kühen vor ein Paar Jahren angeschafften Inventars folgen:

	Thlr.	Schill.
zwölf Paar Milcheimer	36	—
elf Trachten	14	32
dreihundert neue Bütten . . .	150	—
sechszehn gebrauchte	4	—

*) Anal. de l'agric. franç. IX. p. 337.

	Thlr.	Schill.
zehn alte	1	12
zwei neue Rahmstannen . . .	9	16
eine gebrauchte	4	—
drei alte Stannen zu Buttermilch .	6	—
ein Paar Rahmeimer . . .	2	16
drei Rahmschüsseln	—	36
ein Butterfaß mit Zubehör . .	24	—
ein kleines Butterfaß . . .	5	—
zwei Buttertröge mit Schragen .	8	—
sechs Käseköpfe	3	—
zwölf Käsesetten	5	24
eine Käsepresse	3	—
zwei Käseriege mit 17 Brettern .	20	—
eine Salzlade	3	—
ein großes Trankküben	30	—
zwei Küben mit eisernen Bändern .	12	—
zwei Paar Wassereimer mit eisernen Bändern	5	—
eine Wassertonne	7	—
eine alte Schrubbalje	—	16
eine Sandmolde	—	8

---

ein Küchenschrank	5	—
ein Küchenrieg	2	—
ein Rieg in der Speisekammer . .	1	—
ein kleines	—	24
fünf Mehlbutten	3	16

	Thlr.	Schill.
ein Eßtisch für die Leute . .	2	—
zwei Bänke	2	—
drei Stühle	—	36

ein kupferner Milchkessel, 94 Pfund .	33	16
eine kupferne Pfanne eingemauert .	40	—
ein eiserner Dreifuß	2	—
eine Stange im Schornstein . .	3	—
zwei eiserne Kesselhaken	1	—
drei Ofenthüren	1	—
sechs messingene Kessel, 18 Pfund zu 2 Schill.	12	—
vier eiserne Grapen, 52 Pfund zu 5 Schill.	5	20
eine Pfannkuchenpfanne	—	36
zwei zinnerne Schalen, 10 Pfund .	3	16
zwei zinnerne Schüsseln, 12 Pfund .	4	—
zwei zinnerne Löffel	—	8
drei eiserne Leuchter	—	42
eine Feuerschaufel und Zange . .	1	—
zwölf irdene Teller	—	33
zwei Siebe	1	24
eine Wagschale mit vollständigem Gewichte	40	—
eine Wanduhr	2	—
eine Schubkarre	1	16
eine Bahre	—	16
eine Holzaxt	1	—
zwei Mistforken	—	24
fünf Spaten	2	44
eine Harke	—	32
zwei Haken	—	20

	Thlr.	Schill.
sechs Bettstellen	18	—
sechs vollständige Betten . . .	108	—
zwölf Paar Bettlaken für die Leute .	36	—
zwei Tischlaken	2	—
acht Handtücher	4	—
zehn Handtücher für Haushälter und Meierin	3	16
sechs Tischlaken	6	—
ein Brenneisen	—	24

---

3. Das Personal.

Unter diesem sind in unseren größeren Holländereien der Meierei=Haushalter und die Meierin die Hauptpersonen, weil sie das ganze Meiereiwesen, jener die äußere, diese die innere Wirthschaft dirigiren; sie mögen nun eigens dazu angestellt seyn, oder im Fall einer Verpachtung durch den Holländer und seine Frau repräsentirt werden. Wenn nun zwar dem Meierei=Haushalter die äußere Wirthschaft, der Meierin die innere vorzüglich obliegt: so läßt sich doch die Grenzlinie zwischen beiden nicht genau ziehen, und beide haben daher in größter Uebereinstimmung mit einander zu handeln; müssen sich einander immer in die Hände arbeiten. In Ermangelung des so nothwendigen guten Einverständnisses zwischen ihnen, kann der Meiereibetrieb nie von dem gewünschten Erfolg und Nutzen seyn. In wenigen Ländern wird das Molkenwesen so vortheilhaft betrieben, wie in den Herzogthümern Schleswig und Holstein. Es macht einen Hauptzweig der hiesigen Güter= und Bauerwirthschaft aus, und bringt eine sehr bedeutende jährliche Einnahme. Diese kann aber nicht erfolgen, wenn nicht die größt=möglichste Ordnung und Uebereinstimmung in dem ganzen Betriebe herrscht. Alle vorfallenden Geschäfte müssen gleich den Rädern einer Uhr aufs genaueste in einander greifen, mit der größten Regelmäßigkeit, Ordnung und Pünktlichkeit ausgeführt werden. Unordnung und Verwirrung stiften zwar unter allen Umständen nur Unheil; in Absicht des Holländereiwesens sind aber die ihnen entgegengesetzten Tugenden unerläßliche Bedingnisse des Gelingens, und können nie zu weit getrieben werden. Wird auch zuweilen eine Abänderung in der festgesetzten, nach den verschiedenen Jahreszeiten verschiedenen, Ordnung der täglichen Geschäfte nützlich und nothwendig: so muß sie doch immer dergestalt getroffen werden, daß in der Hauptsache der regelmäßige, ordentliche Gang nicht gestört werde.

Die vorzüglichsten Pflichten und Obliegenheiten des Meierei-Aufsehers bestehen:

a. in der Aufsicht über die Viehhirten.

Er hat dahin zu sehen, daß solche

im Sommer 1) die sämmtlichen Kühe zur rechten und für die jedesmalige Jahrszeit ihnen zu bestimmende Zeit auf den Melkplatz treiben, ohne sich dazu der Hunde zu bedienen, indem, wenn diese zum Hetzen der Kühe gebraucht werden, solches ihnen in mehrerem Betrachte nachtheilig ist, und insbesondere aus der Eile, womit sie sodann zusammengejagt werden, eine Veränderung der Milch erfolgt;

2) die Befriedigungen der Weidekoppeln recht fleißig und oft nachsehen, schwache Stellen durch Einzäunen und Aufgraben u. s. w. wehrbar machen, und überall jedem Durchbruche des Viehes sorgfältig zuvorzukommen streben;

3) in Absicht des auf der Melkstelle sich findenden Mistes nach der Vorschrift des Wirthschaftsdirectors verfahren;

z. B. ihn zusammenschaufeln, auf einen Haufen karren, mit Stroh, Schilf ꝛc. vermischen u. s. w.;

4) zur Zeit der herannahenden Ernte, wenn das Vieh etwa in der Nähe der Weidekoppeln reifendes Korn wittert, so wie zu jeder andern Zeit, wenn's nöthig wäre auch bei Nacht, die Kühe unter ihre Obhut nehmen;

5) sich alles Stoßens, Schlagens, überhaupt jeder Mißhandlung des Viehes enthalten.

Im Winter: 1) die Kühe nach der dem Meierei-Haushalter vom Wirthschaftsdirector gewordenen Vorschrift gehörig und pünktlich futtern:

2) zur bestimmten und nach der verschiedenen Jahrszeit festgesetzten Zeit tränken, dabei auch insbesondere beim Auslassen und Anbinden sich aller Mishandlungen des oft nicht folgsamen Viehes enthalten, vielmehr sanft damit umgehen, und es vor allen wahrscheinlichen Fährlichkeiten schützen;

3) die Tränkstelle mit den übrigen dazu angewiesenen Leuten zur rechten Zeit und gehörig aufeisen, auch solche Vorkehrungen treffen, daß das Vieh wegen etwaniger, vom Eise herrührenden Glätte nicht so leicht fallen und Schaden nehmen könne;

4) die Futterdielen zum mindesten ein Mal des Tages gehörig von allem Staube, Unrathe u. dgl. säubern;

5) bei strenger Kälte, insonderheit Schneegestöber, alle Thüren möglichst verschlossen halten, die in den Wänden befindlichen Löcher mit Stroh zustopfen u. s. w.;

6) die um das Viehhaus zur Abführung des Regens etwa befindlichen Rinnen immer sorgfältig aufhalten, damit nicht, wenn solche verstopft sind, zur Nachtzeit Dielen und Ställe überschwemmt, jene verunreinigt und verdorben werden;

7) immer einige Kuhkloben, Ketten, Stricke, Weideruthen u. dgl. m. in Bereitschaft haben, um kommenden Falls sogleich davon Gebrauch machen zu können.

Der Meierei-Aufseher muß:

b) die möglichst größte Achtsamkeit auf den Gesundheitszustand des sämmtlichen seiner Oberaufsicht anvertrauten Viehes wenden.

Bei allen sich ergebenden innerlichen oder äußerlichen Krankheiten hat derselbe die ihm als erprobt bekannten Mittel ohne Aufschub zu gebrauchen, auf jeden Fall aber seiner Behörde baldigst Anzeige davon zu machen, und dafür Sorge zu tragen, daß der demnächst von ihr gewordenen Weisung in Absicht der Heilung pünktlich nachgelebt werde.

c) Hat der Meiereihaushalter darauf zu halten, daß die Meiereimädchen immer zu der, nach den verschiedenen Jahresperioden festgesetzten Zeit, stets in Gemeinschaft aus dem Hause, ohne sich unterwegs aufzuhalten, dahin gehen, wo sie melken sollen; daß sie zugleich bei ihrem Eintreffen auf der Melkstelle ohne Aufschub beim Melken anfangen; daß sie ohne Aufenthalt in möglichster Schnelligkeit ihre Kühe recht rein und bis auf den letzten Tropfen ausmelken; daß sie beim Melken selbst auf die gehörige Weise verfahren: z. B. nicht zu viel mit zwei Fingern strippen, sondern die Zitzen mit der vollen Hand angreifen; nicht etwa die Milch nur aus einigen Zitzen rein ausmelken, in den übrigen aber zum Theil darin lassen u. s. w., weß Endes er, so wie sämmtliche Kühe ausgemolken sind und von der Regel gejagt werden sollen, sie sich sämmtlich vorbei defiliren lassen muß, um mit scharfem und geübtem Auge nach jedem, etwa beim Melken begangenen Fehler zu spähen; — daß endlich die Melker, sobald es nur seyn kann, ohne Milch beim Umgießen und

Tragen zu verschütten, in Gemeinschaft wieder nach Hause kehren, und auf den Setzstellen (Stellen, wo sie die Milch niedersetzen, um sich vom Tragen etwas auszuruhen, und deren es nach der Länge des Weges, welche sie die Milch tragen müssen, mehrere oder wenigere giebt) die Zeit nicht durch Schäkereien unnützer Weise vertändeln.

d) Die Buttermühle mit Zubehör, ausgenommen das Butterfaß, welches der Meierin übergeben bleibt, steht unter spezieller und alleiniger Aufsicht des Haushalters, daher er für ihre Instandsetzung, wohin auch das von Zeit zu Zeit erforderliche Schmieren des Eisenzeuges zu rechnen ist, sorgen muß. Die Herbeischaffung des zum Buttern bestimmten Pferdes hat er zur rechten Zeit zu veranlassen, auch alle zum Buttern sonst etwa nöthigen Vorkehrungen in Zeiten so zu treffen, daß immer zu derjenigen Zeit, welche die Meierin dazu bestimmt, ohne Aufenthalt mit dem Buttern angefangen werden kann.

e) So wie der Haushalter Morgens und Abends mit den Melkern zu Hause gekommen ist, hat er nachzusehen, daß die sämmtlichen Schweine, insonderheit aber diejenigen, welche man mästet, vom Meierei-Knechte gehörig abgemistet, gestreut, und sonst, z. B. von Zeit zu Zeit durch Schwemmen, gereinigt werden; imgleichen, daß die Futterung derselben in genauer Uebereinstimmung mit der ihm vom Wirthschaftsdirector ertheilten Anweisung geschehe, auch ihr gemäß, wenn man nebst der Waddick, Milch 2c. auch Korn futtert, die Futterung selbst gehörig zusammengemischt werde. Den Hirten bei den Laufschweinen hat er dahin anzuhalten, daß er solche nur an den dazu bestimmten Plätzen hüte; wenn er aber auf kurze Zeit zu andern Arbeiten, z. B. zum Einholen des Butterpferdes u. dgl. m. gebraucht würde, sie so lange in den dichten Hof jage, und nie sich selbst überlassen herum laufen lasse; daß er sie Abends und Morgens gehörig und vorschriftsmäßig futtere, ihre Ställe, so oft es erforderlich, reinige, und mit dem dazu angewiesenen Stroh ausstreue; daß der Eber immer im Stalle bleibe, daselbst gehörige Wartung und Pflege finde, und die Zuchtsäue nur zu der vom Wirthschaftsdirector bestimmten Zeit zu ihm gelassen und belegt werden. — Die Zeit, wo die Zuchtsäue trächtig geworden sind, hat der Haushalter möglichst genau zu bemerken, und er muß dafür sorgen, daß gegen die Ferkelzeit jede Sau ihren besondern Stall oder abgesonderten Raum erhalte, und dieser mit kurzem Strohe nicht zu reichlich ausgestreut werde, damit die Sau beim Ferkelwerfen ihre Jungen nicht darin verwühle und erdrücke. Wie der Meierei-Aufseher, wenn eine Sau ferkeln will, Tag und Nacht unverdrossen auf sie zu achten hat: so muß er auch, wenn die Anzeigen der Geburt da sind, unter keinem Vorwande das Thier so lange ohne die nöthige Aufsicht lassen, bis es seine Ferkel, und demnächst die Nachgeburt, welche sogleich an die Seite zu schaffen ist, zur Welt gebracht hat. Während des Ferkelns muß er Sorge tragen, daß die Sau nicht beunruhigt und unnöthiger Weise gestört werde; daß sie keins der Ferkel erdrücke oder beschädige; daß endlich diese alle zum Säugen gelangen. Den säugenden Sauen muß er in Absicht guter Futterung und Pflege seine besondere Aufmerksamkeit schenken. Sind die Ferkel männlichen Geschlechts drei bis vier Wochen alt geworden, muß er sodann das Kastriren derselben eben sowohl veranlassen, als das baldmöglichste Verschneiden der Ferkel weiblichen Geschlechts, mit Ausnahme derer, welche Zuchtsäue werden sollen, durch den Schweineschneider. Wenn zur Futterung der Laufschweine im Winter gebrühte Spreu mit einigem Zusatze von geschrotenem Korn gebraucht werden soll: so hat er den Schweinehirten dazu anzuhalten, daß das Brühen und die Vermischung des Schrotes mit dem Kaff auf die gehörige zweckmäßige Weise geschehe.

f) Wenn die Meierei-Mägde die eigentlichen Meiereigeschäfte vollendet haben, und nun zu andern Arbeiten außer dem Hause, im Garten und Felde einige Stunden gebraucht werden sollen: so liegt dem Meierei-Aufseher nicht nur ihre Anstellung, sondern auch die Aufsicht über sie ob. Im Sommer sind gewöhnlich die eigentlichen Meierei-Arbeiten der Mägde vor dem Frühstücke beschafft, und nachdem sie solches eingenommen, können sie dann bis zur Mittagszeit zu allerlei Nebenarbeiten gebraucht werden. Nach eingenommenem Mittagsmahl wird ihnen verstattet, bis zwei Uhr zu schlafen, und es muß darauf gehalten werden, daß sie es auch thun, und nicht in der dazu bestimmten Zeit für sich arbeiten, weil sie sonst bei dem frühen Aufstehen, wozu sie genöthigt sind (gewöhnlich um 2 Uhr), meistens beim Melken sich schläfrig zeigen, und dieses nicht gehörig bewerkstelligen. Des Nachmittags lassen die eigentlichen Meiereigeschäfte ihnen zu Nebenarbeiten nur dann einige Zeit übrig, wenn nur einmal des Tages (Morgens, oder eigentlich in der Nacht) abgerahmt wird.

g) In Absicht des zum Betriebe der Holländerei erforderlichen Nutz- und Brennholzes hat der Haushalter mit aller Achtsamkeit dahin zu sehen, daß von jenem nichts vergeudet und verbrannt, sondern vom Böttcher dazu angewandt und verarbeitet werde, wozu es sich am besten eignet; dieses aber nach seiner verschiedenen Beschaffenheit auch zu den verschiedenen Zwecken sparsam genutzt, und von dem Meierei-

Knechte

Knechte immer eine hinreichende Menge zum augenblicklichen Gebrauche klein gemacht werde.

h) Bei dem Schlachten der Kälber, welches gewöhnlich durch den Meiereiknecht, erforderlichen Falls aber auch vom Böttcher oder dem Haushalter selbst geschieht, muß dieser sorgfältig darauf achten, daß die Kälbermagen, die man bekanntlich zur Bereitung des beim Käsemachen gewöhnlichen Scheidungsmittels gebraucht, gehörig ausgeschnitten, getrocknet und aufbewahrt: die Kalbfelle rein, d. h. möglichst frei vom Fleische ausgeschlachtet, nicht durchlöchert, gehörig ausgebreitet, an einem paßlichen Orte ordentlich und einzeln aufgehängt, vor Würmern und überhaupt jeglichem Verderben möglichst in Acht genommen, zu seiner Zeit aber zur Versendung an den Käufer Decherweise, d. h. je 10 und 10 Stück, mit starken Strohseilen zusammengebunden werden.

Das Schlachten der gemästeten Kobenschweine, so wie des zum Meierei-Haushalte erforderlichen Viehes, steht nicht nur unter der besonderen Aufsicht des Meierei-Aufsehers, dergestalt, daß er alle nöthigen Vorkehrungen gehörig und zur rechten Zeit treffen, nicht weniger darüber wachen muß, daß das ganze Geschäft selbst, und alles darauf Bezug habende ordentlich und aufs zweckmäßigste beschafft werde: sondern er hat auch selbst mit Hand anzulegen, und sich thätig zu beweisen.

i) Die sämmtlichen Meierei-Gebäude sind der besonderen Vorsorge des Haushalters übergeben. Es muß derselbe daher alle möglichen Beschädigungen der Gebäulichkeiten möglichst zuvor zu kommen trachten, und insbesondere dafür Sorge tragen, daß die vorhandenen Thüren, Fenster-Luken u. s. w. entweder fest zugemacht, oder, wenn sie geöffnet seyn sollen, zur Vermeidung alles Umherschlagens gehörig aufgehakt werden. Alle sich ergebenden Reparationen hat er ungesäumt zu veranlassen, und auf Feuer und Licht ganz besonders seine Aufmerksamkeit zu richten.

k) Wie die sämmtlichen zum Betriebe der Meierei erforderlichen Geräthe, in Absicht ihrer Beschaffenheit, unter der speziellen Aufsicht des Meierei-Haushalters stehen: so muß derselbe auf Anzeige der Meiersche alles schadhaft gewordene Hölzenzeug in möglichster Schnelle durch den Böttcher wieder herstellen lassen; diesen zur paßlichen Zeit anhalten, das nöthig werdende neue Geräthe zu verfertigen; durch ihn deshalb das Erforderliche an Stäben, Reifen ꝛc. ausarbeiten und bereiten lassen; ihn anhalten, die erforderlichen Buttertonnen immer zur rechten Zeit, weder zu schwer noch zu leicht, in Bereitschaft zu haben, damit sie der Meierin immer nach Belieben zu Gebote stehen; ihn überall dahin zu vermögen, daß er diese Gebinde möglichst zierlich verfertige, weil man im Allgemeinen geneigt ist, von einem dem Auge gefallenden Aeußern auf einen vorzüglich guten Inhalt zu schließen. — Wenn eiserne Reifen um das eine oder andere Geräth vom Schmidt zu verfertigen, oder vom Drechsler der Spinn-Apparat zu repariren ist: so hat er eben sowohl dieses alles zu besorgen. — Die Werkzeuge ohne Ausnahme, welche der Böttcher zur Betreibung seines Geschäfts braucht, hat er demselben, in sofern sie nicht dessen Eigenthum sind, nach einem schriftlichen Verzeichnisse zuzustellen, und ihn dafür verantwortlich zu machen, auch darauf zu sehen, daß die Böttcherkammer, wenn nicht darin gearbeitet wird, immer gehörig geschlossen sei.

l) Die Herbeischaffung der sämmtlichen Bedürfnisse, welche der Meierei-Haushalt nothwendig macht, liegt dem Meierei-Aufseher dahin ob, daß er solche zur rechten Zeit gehörig veranlasse, z. B. alles, was an Grütze, Graupen und

Mehl, an sonstigen Gegenständen, welche die Beköstigung des Meierei=Gesindes nothwendig macht, an abgängig und schadhaft gewordenem Hausgeräth rc. erforderlich ist.

m) Die auf dem Meierei=Betrieb Bezug habenden Rechnungen hat der Meierei=Aufseher nach der ihm vom Wirthschafts=Director gewordenen Anweisung und Vorschrift mit größter Pünktlichkeit zu führen, und zur bestimmten Zeit abzulegen. Die Rechnungen beziehen sich gewöhnlich auf die Einnahme an Milch nach Eimern und Kannen, auf die Quantität der aus dieser Milch verfertigten und aus der Meierei wiederum verabfolgten sämmtlichen Holländerei=Produkte, auf die erhaltenen und verkauften Felle, auf das im Winter von den Meierei=Mägden beschaffte Garnspinnen rc., so wie den zu dessen Behuf erhaltenen Flachs; auf die eingenommenen und wiederum verausgabten Viktualien jeglicher Art; endlich auf die Einnahme des ihm gewordenen baaren Geldes, und die Ausgabe dessen zur Bestreitung der vorfallenden kleinen Bedürfnisse aller Art.

n) Bei Versendung von Holländerei=Produkten hat der Haushalter nicht nur die nöthigen Vorkehrungen hinreichend zu treffen, sondern auch die Ablieferung derselben auf etwanige Anforderung des Wirthschafts=Directors nach dessen Anleitung und Anweisung zu beschaffen.

o) Endlich ist es noch des Meierei=Haushalters nie zu vernachlässigende Pflicht, in Vereinigung und Uebereinstimmung mit der Meierin über die Erhaltung der häuslichen Ordnung, in Absicht des sämmtlichen Gesindes, der von ihm zu verrichtenden Arbeiten rc. mit Eifer, Treue und Stetigkeit zu wachen. —

Der Meierin (Meiersche) erste Pflicht besteht in der achtsamen Aufsicht über die Reinigung des sämmtlichen zum Meiereibetriebe erforderlichen Geräthes. Diese kann nie zu weit getrieben werden, und sie hat hinsichtlich derselben darauf zu achten:

1) daß das erforderliche Wasser stets in hinreichender Menge vorhanden sei;

2) von den beikommenden Mädchen das nöthige Brennmaterial zur rechten Zeit in hinreichender Menge herbeigeschafft werde;

3) die Pfanne (eingemauerter kupferner Kessel) in Zeiten mit Wasser gefüllt, und dieses zur bestimmten Zeit kochend sei, um demnächst ungesäumt zur Reinigung des Hölzenzeugs angewandt werden zu können;

4) das Waschen der Bütten und Eimer, des Butterfasses, der Rahmstannen, kurz alles desjenigen Geräthes, welches gebraucht wird, immer aufs Beste und Vollkommenste vermittelst Schrubbers, Bohners und Spühlens geschehe; imgleichen, daß die Mägde bei diesem Reinigungsgeschäfte immer nach der einmal bestimmten Ordnung zu Werke gehen, sich dabei einander zweckmäßig in die Hände arbeiten, es mit eben so vieler Schnelligkeit als Ordnung verrichten, ohne sich dabei durch Plaudereien, Schäkereien, oder gar Zänkereien einander zu stören. Insonderheit ist das Waschen der Milchbütten, zumal wenn wegen eingetretener Säure sich Milch in denselben angesetzt hat, äußerst sorgfältig zu beschaffen; des Endes nicht nur die Lauge, welche dazu gebraucht wird, zu verstärken, sondern auch allenfalls beim Bohnern scharfen Sand oder grobes Salz zur Hülfe zu nehmen. So lange die Meierin nicht die vollkommen feste Ueberzeugung hat, daß die ihrer Aufsicht übergebenen Meierei-Mägde die Reinigung des Hölzenzeugs immer in größter Vollkommenheit beschaffen, muß sie stets dabei gegenwärtig seyn, und jedes einzelne

Stück untersuchen, um es nach fehlerhaft befundener Reinigung den Mädchen zur Abhelfung der Mängel wieder zurückstellen zu können. Aber auch dann, wenn die Meierin die Ueberzeugung hegen darf, sich auf die Mägde ganz verlassen zu können, muß sie dennoch von Zeit zu Zeit dieser speziellen und ernstlichen Nachsicht sich unterziehen, weil ohne eine solche scharfe Controlle auch bei den besten Dienstboten die anfängliche Ordnung zuletzt in Unordnung und Nachlässigkeit übergeht; Untugenden, die bei dem Meiereiwesen im geringsten nicht Statt finden dürfen.

5) Daß zur Zeit großer Hitze im Sommer, und wenn die Milch, aller sorgfältigen Reinigung der Bütten ohngeachtet, sich doch nicht in ihnen halten will, sondern schnell säuert, selbige entweder in scharfer Lauge ausgekocht, oder über trokkenem und angezündetem Holze stark und schnell getrocknet werden, durch welche beide Maaßregeln sie von der ins Holz gedrungenen Säure befreit werden. Beide Methoden, so nothwendig es auch zu Zeiten wird, der bessern Conservation der Milch wegen, Eine zu erwählen, haben dennoch in Absicht der Bütten selbst jede einen Nachtheil. Bei der ersten, dem Auskochen nämlich, werden die Holzfasern am Ende leicht zu sehr erweicht; es springen einzelne Stellen in dem Boden der Bütten aus, dieser wird uneben und rauh, die Milch setzt sich nun leichter an, und die gehörige Reinigung wird von Zeit zu Zeit schwerer. Bei der letzteren, dem Austrocknen über einem hellen Feuer von trockenem und sehr klein gespaltenem Holze, brennen die Bütten in so leicht ermangelnder sehr großer Achtsamkeit nur zu oft theilweise an. Man sollte solches also immer nur im äußersten Nothfalle vornehmen. Nach mehrjähriger Erfahrung kann man in vielen Fällen, wenn das Säuren der Bütten bemerkt oder nur besorgt wird,

sich damit helfen, wenn man diese sogleich mit frischem recht kaltem Brunnenwasser füllt, mit demselben wenigstens zweimal vier und zwanzig Stunden stehen läßt, und nachher mit starker Lauge auswäscht.

6) Daß die Mägde beim Waschen der Bütten, Eimer 2c. solche nicht ungebührlich umherwerfen, stoßen u. s. w., mithin deren Beschädigung dadurch veranlassen.

7) Daß alles, was entweder aus den Bütten, aus den Eimern oder sonst einem Milchgeräthe von dem Reinigen an Milch oder Waddick zusammen zu spühlen ist, nicht, wie es häufig zu geschehen pflegt, mit dem Waschwasser weggespühlt, sondern immer vor dem Waschen aus den sämmtlichen Geschirren in ein Gefäß zusammengegossen oder geträufelt, und demnächst in das Trankküben, Behufs der Schweinefütterung, gegossen werde.

Die zweite Pflicht der Meiersche besteht in der zweckmäßigen Behandlung der Milch. Dahin gehört:

1) Daß sie, in Verbindung mit dem Baljenmädchen, die Milch, so wie sie im Keller angelangt ist, ungesäumt in die Bütten seihe, und zwar nach Beschaffenheit der Jahreszeit und jedesmaligen Witterung entweder mehr oder weniger, jedoch immer in jede Bütte gleichviel. Da gewöhnlich bei diesem Aufseihen einige Tropfen Milch entweder auf die Erde oder den Rand der Bütten verschüttet werden: so muß sie immer ein angefeuchtetes Tuch zur Hand haben, um damit diese verschüttete Milch sogleich aufzunehmen.

2) Daß zwischen jedem Satz ein kleiner Platz bleibe, um ihn von den andern unterscheiden zu können, übrigens aber die Bütten dicht aneinander und in gerader Linie hingestellt werden.

3) Daß sie zur leichtern Wahrnehmung jeder etwanigen Unordnung im Sommer die Milch einer jeden Regelstelle, wenn es deren mehrere giebt, durch ein Zeichen mit Kreide auf der letzten Bütte kenntlich macht.

4) Daß die Milch weder zu früh noch zu spät abgerahmt werde. Im ersten Fall verursacht der mindere Rahm bekanntlich einen Ausfall in der Butter; im letzteren verliert sie an Güte, und die saure Milch läßt sich nicht zu guten Käsen verarbeiten.

5) Daß sie unter Beihülfe des Baljenmädchens das Abrahmen gehörig dergestalt verrichtet, daß kein Rahm auf der Milch bleibt, und jene immer durch das Rahmthems in die Rahmstanne geseihet wird.

6) Daß sie zur möglichsten Erhaltung oder Herbeiführung derjenigen Temperatur der Luft, welche dem gehörigen Aussahnen der Milch am günstigsten ist, die Luken des Kellers nach Beschaffenheit der äußern Luft oder Witterung mit verständiger Umsicht entweder schließe oder öffne.

7) Daß sie die abgerahmte Milch zu guten, leicht Käufer findenden Käsen verarbeiten; und

8) den Milchkeller recht oft aufs sorgfältigste durch Spühlen mit Wasser, Fegen und Aufnehmen mit groben heedenen Tüchern reinigen lasse. Das Aufnehmen mit Tüchern ist nothwendig, damit der Keller desto schneller trockne, weil aufsteigende feuchte Dünste einen nachtheiligen Einfluß auf die Erhaltung der Milch haben.

Die Meiersche hat drittens die größte Aufmerksamkeit auf die gehörige Verfertigung der Käse und deren Behandlung zu wenden. In Absicht derselben hat sie sorgfältig darauf zu achten, daß

1) die Verarbeitung solcher nach der verschiedenen Jahreszeit und Witterung in dem rechten Grade von Wärme geschehe. Zu kalt verfertigt, erhalten die Käse eine zu glatte, zu warm eine zu hohe Form. Beides macht sie den Käufern unangenehm.

2) Daß der Milch von dem Scheidungsmittel, welches sie zum Gerinnen bringt, weder zu viel noch zu wenig hinzugesetzt werde. Ersteres macht die Käse bekanntlich sehr unschmackhaft; ein zu geringer Zusatz des Kälberlaabs zur Milch erschwert aber und verzögert das Geschäft des Käsemachens.

3) Dem Käsewrungel während der Bearbeitung desselben die rechte Quantität Salz, weder zu viel noch zu wenig, beigemischt werde. Man bedient sich hier zum Salzen der Käse entweder des groben englischen, oder des Oldesloer Salzes, welche Arten wohlfeiler sind, als das Lüneburger Salz, und bei dem an sich geringen Werthe der Käse ihren Zweck genügend erfüllen.

4) Bei Bereitung der Käse weder von dem Wrungel noch der Waddick etwas verschüttet, diese daher immer durch ein Thems geseihet werde, worin das, was sich von jenem in ihr findet, zurückbleibt.

5) Das Passen der Käse gehörig geschehe, und wenn die Paßbank mit Schrauben versehen ist, diese recht oft und fest angeschroben werden, um die Käse von aller Waddick möglichst frei zu halten.

6) Die Käse, nachdem sie die gehörige Zeit in den Käsesetten gestanden, und darin die ohngefähre Form erhalten haben, dann zum Trocknen auf die Riegen ordentlich hingesetzt, fleißig, anfänglich täglich, umgekehrt, und mit eignen reedenen Tüchern gut abgewischt werden.

7) Das Oeffnen und Verschließen der in der Käsekammer befindlichen Luken nach den obwaltenden Umständen mit der gehörigen Ueberlegung und Vorsicht geschehe. Bei zu starkem Luftzuge reißen die Käse, bei zu wenigem schimmeln sie und trocknen nicht gehörig aus.

Hinsichtlich des gehörigen Verfahrens bei Bereitung der Butter und deren zweckmäßiger Behandlung soll die Meiersche darauf sehen, daß

1) der Rahm nach Beschaffenheit der jedesmaligen Witterung an den paßlichsten Ort, weder zu kalt noch zu warm, um gehörig sauer und dick werden zu können, hingestellt, fleißig umgerührt, und nachdem er die erforderliche Beschaffenheit erlangt hat, dann ohne Verzug gebuttert werde.

2) Um das Buttern immer zur gehörigen Zeit (während des Sommers in der Kühle des Morgens oder Abends) vornehmen zu können, alle nöthigen Vorkehrungen zur rechten Zeit getroffen werden, und insbesondere das Butterpferd zur rechten Zeit da sei.

3) Das Buttern selbst mit derjenigen aufmerksamen Umsicht, unter Wahrnehmung aller der verschiedenen, an sich kleinen aber doch wichtigen Dinge, deren richtige Anwendung nur allein eine fortgesetzte praktische Uebung lehren kann, geschehe, welche so wichtig und wesentlich ist.

4) Die Butter von ihr selbst, oder mindestens unter ihrer Aufsicht und ihrem Beiseyn aus dem Butterfasse genommen, nach der Butterkammer gebracht, und daselbst von ihr, allenfalls unter Beihülfe des Baljenmädchens, aufs Beste bearbeitet und bereitet werde.

5) Die Butter, sobald sie dazu geschickt ist, unverzüglich in Tonnen geschlagen werde, und jedes Gebinde nicht nur

nach und nach, oder zu verschiedenen Zeiten, sondern mit einem Male gefüllt werde.

6) Die eingeschlagene Butter bis zu ihrer Versendung bestens aufbewahrt, und wenn die Butterkammer oder der Ort, worin sie so lange stehen muß, etwa feucht seyn sollte, auf durch Unterlagen erhöhte Bretter gesetzt werde.

Die fünfte Hauptpflicht der Meiersche besteht in der Aufsicht über das sämmtliche zum Meiereibetriebe erforderliche Geräthe.

Wie alles dahin Gehörige ihr nach einem Verzeichnisse zu übergeben ist, so hat sie solches auch darnach dereinst wieder abzuliefern, und für die getreue Aufbewahrung, so wie für Erhaltung desselben jeder Zeit bestens zu sorgen. Die Besserung des schadhaft gewordenen Geräthes hat sie in Zeiten durch den Böttcher eben sowohl zu veranlassen, wie den Ersatz des abgängig gewordenen Holzenzeugs durch den Meierei-Haushalter. — Wenn das hölzerne Geräthe, nachdem es gereinigt, zum Abtrocknen der freien Luft ausgesetzt wird, muß sie dafür sorgen, daß solches nicht zu lange draußen bleibe, und dem Sonnenschein oder Winde länger ausgesetzt werde, als nöthig ist, vielmehr unmittelbar nach der gänzlichen Austrocknung unter Dach und an seinen gehörigen Ort gebracht werde. — So muß sie auch alles, was durch Eintreten einer andern Jahreszeit außer dem Gebrauche kommt, nachdem solches erforderlichen Falls reparirt ist, sogleich an einem paßlichen Orte sorgsam bewahren.

Der Meierin hauptsächlichste Pflichten bestehen übrigens noch:

6) in dem gehörigen und zweckmäßigen Benehmen gegen das ihrer Aufsicht anvertraute

Gesinde, und der unter allen Umständen richtigen und vernünftigen Behandlung desselben.

So nothwendig jene, wie diese, zur Erhaltung der Ordnung und eines guten Fortganges des Meiereibetriebes ist: so schwer wird es oft einer Meierin, zumal in einer großen Holländerei, wo die vielen Mädchen aus verschiedenen Gegenden zusammengemiethet und von ungleichstem Charakter sind, dieser ihrer Obliegenheit Genüge zu thun, und nur selten versteht sie hier die goldene Mittelstraße zu halten. Ist auf der einen Seite Ernst, ein bestimmtes, festes Benehmen, die sorgfältige Vermeidung aller Vertraulichkeiten unumgänglich nothwendig: so darf auf der andern Seite die Strenge doch auch nicht zu weit getrieben werden, noch weniger in immerwährendes Keifen, Poltern und Schelten ausarten; und vor allen Dingen hat sie sich der strengsten Unpartheilichkeit in allen vorkommenden Fällen eben so wohl zu befleißigen, als sie sich jeder ungebührlichen Zumuthung enthalten muß.

7) In der Sorge, daß die von den Mägden außer den eigentlichen Meierei-Geschäften zu verrichtenden Handarbeiten immer zur rechten Zeit gehörig geschehen, und die Wahl derselben nach den verschiedenen Jahreszeiten und Umständen aufs beste getroffen werde.

Zu diesen Handarbeiten gehören außer den häuslichen Verrichtungen des Waschens, Bleichens, Backens, dem Reinigen des Hauses im Sommer 2c., Arbeiten im Garten und Felde; im Winter: das Spinnen von Flachs und Heede, das Garnwickeln und Spuhlen 2c. Da in Absicht des Spinnens im Winter für die Mägde eine gewisse Norm in allen Meiereien festgesetzt ist, und sie entweder in einer gewissen Zeit gewisse Pfunde Flachs zu Garn von einer bestimmten

Feinheit, oder täglich eine gewisse Anzahl Faden über eine Haspel von bestimmter Weite spinnen müssen: so hat die Meierin in dieser Verrichtung nicht nur die nöthige Ordnung wahrzunehmen, sondern auch zur Erhaltung derselben über das von jeder Magd zu Leistende und Geleistete Rechnung zu führen, und das Haspeln des gesponnenen Garns immer selbst zu verrichten; auch darauf zu halten, daß jede Magd ihr Tagewerk immer unverkürzt liefere.

Das Zahlspinnen ist hier gebräuchlicher, als die Aufgabe von Pfunden. Wo jenes Statt findet, ist dann der Haspelkranz 3½ bis 4 Ellen weit, und das am Zahlhaspelfuß angebrachte Rädergetriebe zeigt es bekanntlich vermittelst eines Schlägels an, wenn hundert Faden abgehaspelt sind. Je 200 Faden werden durch ein Fisselband zusammen geschlungen.

Diejenigen Mädchen, welche im Winter den ganzen Tag spinnen und von andern Arbeiten befreit sind, müssen nach Beschaffenheit des Flachses und der Weite des Haspels 1000 bis 1400 Fäden täglich liefern; diejenigen aber, welche die vorfallenden Arbeiten zu besorgen haben, und nur des Abends spinnen — 6 bis 800 Fäden; endlich aber die Magd, welche außer den vorfallenden Meiereigeschäften auch die Küche vorzustehen hat (Wochenmagd genannt, weil sämmtliche Mägde wochenweise mit einander darin wechseln), spinnt gar nicht.

Da, wo man Pfundweise spinnen läßt, wird die in einer gewissen Zeit von einer jeden Magd zu liefernde Quantität Garns nach der Güte des Flachses, und mit Rücksicht auf die noch außer dem Spinnen zu verrichtenden Arbeiten, der Billigkeit gemäß festgesetzt und bestimmt.

8) In der Führung des Meierei-Haushalts. In Absicht desselben hat sie darauf zu sehen, daß

a) das sämmtliche Meierei-Personal auf die vorgeschriebene Weise, weder besser noch schlechter, wie einmal bestimmt ist, beköstiget werde;

b) alle im Meierei-Dienst angestellte Leute zur gleichen Zeit gemeinschaftlich essen;

c) die übrig gebliebenen Speisen nach vollendeter Mahlzeit sogleich ab- und unter Schloß genommen, seiner Zeit aber auf die beste Weise wieder benutzt werden;

d) bei Zubereitung der Speisen nichts versehen und vernachläßigt werde, sondern solche auf die gehörige Weise geschehe;

e) allen Entwendungen von Viktualien sowohl, als von Meierei-Produkten bestens vorgebeugt werde, daher alles immer unter Verschluß sei, und die Meierin die Schlüssel niemanden anvertraue, sondern immer selbst bewahre;

f) alles zum Meierei-Haushalte Erforderliche immer vorhanden sei, und der Abgang zur rechten Zeit ergänzt werde; endlich

g) alle Viktualien bestens erhalten, und auf die zweckmäßigste Weise zur paßlichsten Zeit verbraucht werden, insonderheit beim Einschlachten nichts versäumt und unterlassen werde, was nach guten Haushaltungs-Grundsätzen erforderlich und nothwendig ist.

9) I n d e r S o r g e, daß die ihrer besondern Aufsicht anvertrauten Mägde auch in der Zeit, wo sie von Dienstverrichtungen frei sind, sich zu ihrem eigenen Vortheile nützlich beschäftigen, sich reinlich und ordentlich halten, und ein gesittetes, ordentliches Leben führen.

Eine Meierin, wie sie zu seyn gehört, die alles das leistet und ist, was man billiger Weise von ihr verlangen und erwarten kann, hat einen außerordentlichen Einfluß auf den vortheilhaftesten Betrieb des Holländereiwesens, wird aber auch leider! bei uns um so seltener gefunden, je schätzbarer sie ist. Man fordert nicht allein von ihr, daß sie in der Verfertigung von Holländereiwaaren vorzüglich geschickt und gewandt sei, und deren sowohl viele, als auch vorzüglich gute verfertigen könne, wozu eine genaue Bekanntschaft mit allen den kleinen mechanischen Fertigkeiten und Handgriffen, eine umsichtige Wahrnehmung aller in Betracht kommenden kleinen Umstände, worauf das Ganze beruht, gehört: sondern man verlangt auch Eigenschaften von ihr, die, solchergestalt vereint, überall nicht gar häufig bei Menschen angetroffen werden, unter allen Umständen vortrefflich zu Statten kommen, hier aber unerläßliche Erfordernisse sind, nämlich: Viel Lust und Liebe zum Dinge, eine Reinlichkeit, die der gleich kommt, welche man den Bewohnern Hollands nachrühmt, und schlechterdings nicht zu weit getrieben werden kann; die pünktlichste Ordnung, eine sich stets gleich bleibende, unermüdete Thätigkeit, und die sorgfältigste, nie lässig werdende Achtsamkeit auf sich, ihre Untergebenen und ihr Geschäft.

Der Lohn einer Meierin ist nach der Größe und Wichtigkeit der Holländereien, so wie nach ihrer Persönlichkeit verschieden; der geringste wohl 40 Thlr., der höchste 80 Thlr. jährlich, wobei sie dann gewöhnlich noch ein Bestimmtes an Flachs und Wolle, oder auch eine bestimmte Quantität Leinsaamen (etwa 1 — 1½ Scheffel) ausgesäet bekommt, und ihr in der Regel außer den mit dem Holländerei-Betriebe und dessen Haushaltungsführung verbundenen Geschäften, keine weitere Arbeiten zugemuthet werden, sie also der Zeit, etwas für sich zu thun, nicht wenige übrig behält.

Der Lohn eines Meierei-Haushalters ist gewöhnlich 40 bis 60 Thlr. Mit der Meierin verheirathet, beläuft der Lohn von beiden sich auf 100 bis 140 Thlr.

Der Böttcherknecht muß

1) das Böttcherhandwerk vollkommen inne haben, um

a) die erforderlichen Buttertonnen gehörigermaßen verfertigen, und zur rechten Zeit liefern zu können;

b) zur Verfertigung des nöthig werdenden neuen Meiereigeräths sowohl, als

c) zur Reparatur des vorhandenen und schadhaft gewordenen geschickt und tüchtig seyn; endlich

d) das zu den letzteren beiden Zwecken erforderliche Nutzholz gehörig aushauen, ausarbeiten und bereiten; auch die nöthigen Reifen reißen und verfertigen zu können ꝛc.

2) So lange die Kühe auf der Weide gehen, täglich 2 Mal, Morgens und Abends, eine Zahl derselben, d. h. 18 bis 20 Stück melken, und die Milch nach Hause tragen.

3) Wenn es der Regelstellen mehrere giebt, auf der einen die Aufsicht führen, daß alles den Milchmädchen Obliegende gehörig von ihnen geleistet werde, nicht minder der Kuhhirte das Vieh ordentlich behandle ꝛc.

Damit der Meierei-Aufseher den Böttcherknecht wegen dieser ihm obliegenden Aufsicht kontrolliren könne, ist es gut, wenn beide von Zeit zu Zeit mit der Aufsicht über die ihnen gewordene Regelstelle dergestalt wechseln, daß der Aufseher die des Böttchers besucht, und umgekehrt.

4) In Krankheitsfällen und so oft es sonstige Umstände erforderlich machen, sowohl die Stelle des Meierei-Aufsehers als des Meierei-Knechtes möglichst dergestalt zu vertreten,

daß die nothwendigen laufenden Geschäfte in gehöriger Ordnung immer besorgt werden.

Der jährliche Lohn desselben pflegt 30 bis 45 Thlr. zu seyn.

Der Meierei-Knecht. Diesem liegt ob:

1) so lange die Kühe im Grase gehen, täglich zwei Mal eine Zahl derselben zu melken, und die Milch heim zu tragen;

2) so oft abgerahmt wird, die abgerahmte Milch aus dem Milchkeller in den Milchkessel, worin sie erwärmt werden soll, und in die Käsebalje zu tragen;

3) das zum Meiereibetriebe erforderliche Brennholz klein zu machen;

4) die von den Kühen gefallenen nüchternen Kälber zu schlachten, und nicht nur für die gehörige Erhaltung der Kalbfelle, sondern auch der Kälbermagen Sorge zu tragen;

5) die Mastung und Wartung der Schweine, welche auf dem Koben feist gemacht werden. In Hinsicht derselben ist er verpflichtet:

a) die Schweine jederzeit rein und trocken zu halten, des Endes den Koben des Tages drei Mal auszufegen und zu reinigen, die Schweine nach Erfordern zu schwemmen und zu streuen;

b) in Absicht der Mastung selbst, nach der ihm gewordenen Vorschrift zu verfahren, und insonderheit im Anfange der Mastung, der Milch und Waddick rc. die ihm vorgeschriebene Quantität Wassers, gegen das Ende derselben aber etwanige andere Zusätze vorschriftsmäßig hinzuzufügen. Ferner liegt ihm ob:

6) die Aufsicht über den Schweinehirten, daß solcher die Laufschweine gehörig warte und behandle;

7) die sorgfältige Beachtung der Zuchtsäue zur Ferkelzeit, und Wahrnehmung aller derjenigen Vorschriften, welche ihm in Absicht dieser Thiere werden;

8) im Winter beim Futtern und Tränken der Kühe behülflich zu seyn;

9) wenn drei Melkstellen nothwendig sind, auf Einer die nöthige Aufsicht auf sich zu nehmen. Was vorher bei dem Böttcher von dem Wechsel dieser Aufsicht mit dem Meierei-Haushalter gesagt ist, findet auch hier Statt;

10) beim Schlachten, Backen u. dgl. m. die für ihn sich eignende Hülfe zu leisten.

Der jährliche Lohn eines Meierei-Knechts ist 18 bis 25 Thaler.

Das Baljenmädchen unterscheidet sich von den übrigen Mädchen dadurch, daß sie der Meierin zunächst steht, und dieser beim Abrahmen der Milch, bei Verfertigung der Butter und Käse, so wie in Verrichtung der eigentlichen Haushaltsgeschäfte rc. behülflich ist. Um an Verfertigung der Käse Theil nehmen zu können, melkt sie nur die Hälfte derjenigen Kühe, welche den andern Mädchen zu melken obliegt; eilt, so wie dies geschehen ist, mit einer Tracht Milch allein nach Hause, und setzt dann, nach Aufseihung dieser, ungesäumt das von der Meierin bereits begonnene Geschäft in Verbindung mit dieser, bis zu dessen Vollendung fort. Zu groben, den übrigen Meiereimägden zufallenden Arbeiten, die sie alle aus dem Grunde verstehen muß, wird sie nur in Nothfällen gebraucht, und ihre Behandlung kann als Vorbildung zu einer Meierin angesehen werden. Alle, die dies werden wollen, müssen zuerst Baljenmädchen seyn. Ihr Lohn ist meistens ein Paar Thaler höher, als der der übrigen Mägde, und wie sie der Meierin in der Aufsicht über diese zur Hülfe kommt, so zeichnet sie sich auch mehrentheils durch bessere Kleidung aus.

Die Meierei-Mägde müssen 1) im Sommer jede täglich zwei Mal eine Zahl Kühe d. h. 13 — 20 Stück melken, und die Milch nach Hause tragen. Weil dieses Milchtragen, insonderheit bei weiter Entfernung der Weidekoppeln sehr beschwerlich ist und einen starken Körper erfordert: so verstehen sich hier die weiblichen Dienstboten nicht gern zum Dienst in einer Meierei, und es hält daher schwer, bei einem großen Betriebe gute Subjecte dieser Art in hinreichender Menge für den gewöhnlichen Lohn zu bekommen. Diesem abzuhelfen läßt man auf verschiedenen Höfen Schleswigs und Holsteins den größten Theil der Milch entweder durch Esel nach Hause tragen, oder auch durch ein Pferd dahin fahren. Bedient man sich der Esel, so tragen sie die Milch in großen Eimern, die man vermittelst einer eignen Einrichtung (Eselsattel genannt) über ihren Rücken hängt. Nach der Größe der Holländerei sind der Esel zum Milchtragen mehrere oder wenigere erforderlich. Zum Fahren der Milch durch ein Pferd bedient man sich zweierlei Methoden. Nach der einen ist auf einem zweirädrigen Wagengestell, welches von einem Pferde in einer Kluftdeichsel gezogen wird, ein mit eisernen Reifen beschlagenes starkes Gefäß von Eichenholz, das in der Gestalt einem Butterfasse gleicht und gleich diesem mit einem Deckel dicht verschlossen wird, gesetzt, in welches die Milch auf der Regelstelle gegossen, und vor der Meierei angelangt, daselbst wieder ausgeschöpft wird. Nach der andern sind das zweirädrige Hintergestell und das zweirädrige Vordergestell eines Wagens, an welchem letzteren eine Kluftdeichsel ist, in welcher das Pferd zieht, durch zwei in allen Kanten gleich starke kleine Balken, die nach Erfordern bald länger, bald kürzer sind, mit einander verbunden. An den äußern Seiten dieser Balken und an dem hintern Querholze derselben sind in einer gewissen Entfernung starke eiserne Haken befestigt; auf diese hängt man eigends dazu verfertigte große Milcheimer, gießt in diese auf der Regelstelle die Milch, wirft dann in jeden Eimer solche Bricken, wie man in den gewöhnlichen Milcheimern hat, um dadurch das Verschütten der Milch während des Fahrens zu verhindern, welches bei dem Hängen der Eimer auch nicht leicht zu befürchten ist, wenn der Weg nur nicht zu sehr bergauf oder bergab geht, und man nicht zu rasch fährt. Vor der Meierei angelangt, wird nun durch zwei Personen jeder Eimer aus dem Haken gehoben, und die darin vorhandene Milch zum Auffeihen nach dem Keller getragen. Letztere Art, die Milch zu fahren, hat den Vorzug vor der ersteren, weil sie die Milch dem nachtheiligen Schütteln weniger aussetzt.

Um im Sommer beim Melken der Kühe jede Unordnung so viel möglich zu verhüten, und die etwa eingerissene desto leichter entdecken zu können, muß jede Magd, so lange das Vieh im Grase geht, immer die nämlichen Kühe melken. Wird dann etwa die eine oder die andere nicht gehörig gemolken, wohl gar dadurch verdorben: so kann es nicht zweifelhaft seyn, welche Melkerin dafür zur Verantwortung zu ziehen ist.

Im Anfange den Mädchen die Bekanntschaft mit den Kühen, welche sie den Sommer über melken sollen, zu erleichtern, läßt man jede sich die ihrigen vor dem Austreiben ins Gras bezeichnen, entweder mit einer Scheere in den Haaren, oder indem sie ihnen Läppchen Zeug von einer Farbe um die Hörner bindet. Dergleichen Läppchen an den Schwanz der Kühe zu binden, darf aber nicht gestattet werden, weil solcher leicht Schaden davon nehmen kann. Das Auszeichnen der Kühe von den Mädchen geschieht dergestalt, daß sie alle zur gleichen Zeit nach dem Viehhause gehen, dort die erste Magd auf einem Ende anfängt sich die erste Kuh auszuzeichnen, ihr dann die zweite Magd mit der zweiten Kuh folgt, und so fortan, bis alle Mägde eine Kuh haben, wo dann das Geschäft auf die nämliche Weise von der ersten Magd wieder angefangen wird, und so weiter, bis alle Kühe vertheilt und ausgezeichnet sind. Auf diese Weise hat eine Magd sich nur über den Zufall zu beklagen, wenn sie etwa im Vergleiche zu ihren Mitdienstboten vorzüglich milchreiche oder schwer zu melkende Kühe erhält; und die strengste Unpartheilichkeit ist eins der wirksamsten Mittel, hier sowohl, wie überhaupt unter den vielen Mädchen die nöthige Mühe und Friedfertigkeit zu erhalten.

Die Meierei-Mägde müssen

2) im Winter das Melken dergestalt besorgen, daß nur ein Theil von ihnen solches verrichtet, indessen der andere zu andern häuslichen Geschäften gebraucht wird. Sie wechseln darin nach einer gewissen Ordnung ab;

3) alles zur Betreibung des Molkenwesens erforderliche Geräth reinigen, und das in dieser Hinsicht Nöthige besorgen;

4) nicht nur alle im Meiereigebäude vorhandenen Gelegenheiten nach Anweisung und Anleitung der Meiersche reinigen, sondern auch alle vorfallenden häuslichen Beschäftigungen, Wasser- und Holztragen, Kochen, Backen, Bleichen, Spinnen ꝛc. auf ähnliche Weise verrichten;

5) im Sommer, am Ende des Frühlings und im Anfange des Herbstes außer den Verrichtungen, welche ihnen in Absicht des Meiereibetriebes obliegen, in den dazu sich fin-

denden Stunden im Garten und Felde nach der ihnen gewordenen Anweisung arbeiten.

Der Lohn einer Meierei=Magd ist 17 — 22 Thlr. Bei einem höhern Lohn erhalten sie dann keine Butter, auch wird ihnen zuweilen alle Jahr von Neuem Miethzins gegeben, im Schleswigschen die Kopfsteuer für sie erlegt; mitunter erhalten sie noch einige beliebige Geschenke an Kleidungsstücken.

Es ist häufig der sittliche Zustand und das Loos unserer Holländereidirnen als beklagenswerth geschildert worden. Ganz neuerlich noch hat Herr Professor Riemann *) den Gegenstand lebhaft in Anrege gebracht. Wir hatten nicht allein Gelegenheit, die Meiereimädchen, sondern auch das anderweitige weibliche Dienstpersonale in ganz verschiedenen Gegenden und unter sehr von einander abweichenden Verhältnissen mehrjährig zu beobachten, und glauben da gefunden zu haben, daß zwischen den Holländerei= und den übrigen Landmädchen nicht wohl in moralischer Hinsicht eine Scheidewand zu ziehen, sondern beide gar füglich über einen Kamm geschoren seyn dürften. Man wird bei den Bauern, bei Höckern, Müllern und andern Gewerbtreibenden auf dem Lande durchgehends eben so viele beschwängerte Dirnen gewahr, als zusammengenommen in den Milchwirthschaften; weil hier so viele Mädchen auf einem Flecke sind, fällt das Ding nur mehr in die Augen. Was die Bemerkung anbetrifft, daß die Meiereidirnen es schwerer hätten, als die Mädchen bei den Bauern: so muß ich hiergegen auch protestiren; wenn man das Milchschleppen, welches jetzt auf den meisten Höfen, seit=

*) Die holsteinische Milchwirthschaft, beschrieben von A. Riemann. S. 81 — 97.

dem das Fahren und Tragen der Milch im Gange gekommen, nicht mehr Statt findet: ausnimmt; so wüßte ich in der That kein Meiereigeschäft, das mühseliger als Bauernarbeit genannt werden dürfte. — Daß es manchen Molkereiwirthschaftern dennoch oft so schwer wird, guter Mädchen für die Meierei habhaft zu werden: liegt weit mehr darin, daß sie sich durch verkehrte Behandlung ihrer Dienstboten einen schlechten Ruf unter den Dienstthuenden erworben, und jedermann sich scheuet, zu ihnen zu ziehen, sie daher mit dem Ausschusse, in welchem alles Ehrgefühl erloschen, vorlieb nehmen müssen; als in dem Nichtvorhandenseyn gesitteter, fleißiger und ordentlicher Mädchen.

Der Schweinehirte. Sein Name zeigt schon seine Geschäfte an. Er muß nämlich die Laufschweine auf den ihm angewiesenen Plätzen dergestalt hüten, daß sie niemals irgend einen Schaden thun; sie Morgens und Abends nach der ihm gewordenen Vorschrift futtern; ihre Ställe reinigen; solche nach Erfordern mit dem ihm angewiesenen Stroh ausstreuen und, so oft es nöthig wird, allerlei kleinen Verrichtungen sich unterziehen, als: dem Einholen und Wegbringen des Butterpferdes, dem Nachjagen desselben während des Butterns 2c., kurz jeglichem ihm Aufgetragenen.

Der Lohn desselben ist 12 — 15 Thlr.

Nachdem wir uns mit dem zum Meiereibetriebe auf den Gütern erforderlichen Lokal, Geräthe und Personale vertraut gemacht haben, wenden wir uns

A. Zur Verfertigung der Butter,

und zwar hauptsächlich, wie solche auf den Höfen Statt findet. In wie fern in den Bauerwirthschaften von der in den

Holländereien üblichen Methode abgewichen wird, soll nachträglich mit einigen Worten erwähnt werden.

Ackerbau wird fast in allen Gegenden der Welt mehr oder weniger getrieben, und der Schleswig-Holsteiner hat daher in Hinsicht desselben gar viele Nebenbuhler: allein in Absicht der Bereitung der Butter geht nur allein der Bewohner Hollands über ihn, woran ohnstreitig die ausgezeichnete, nicht leicht zu übertreffende Reinlichkeit desselben mehr Ursache ist, als die Güte des Viehes, der Weide 2c. Die letztere ist in den mehrsten Gegenden Hollands, wie in unsern Marschen, der Art, daß das auf ihm genährte Vieh eine Milch giebt, die zur Hervorbringung guter und haltbarer Butter zu fett ist, mithin sich besser zu Käsen eignet. Wird bei Bereitung der Schleswig-Holsteinischen Butter in aller und jeder Hinsicht auf die gehörige und zweckmäßige Weise verfahren: so macht sie selbst der holländischen um deswillen den Vorzug streitig, weil sie aromatischer ist und sich länger gut hält, welches den höhern und guten Weiden zuzuschreiben ist.

Bekanntlich bringen außer Schleswig und Holstein nur Holland, Dännemark, Mecklenburg und Irland Butter in bedeutenden Quantitäten zur Ausfuhr in den Handel. Wenn nun auch die holländische Butter der hiesigen im Ganzen noch den Vorzug streitig macht: so steht ihr doch die, welche in allen vorher genannten Ländern fabrizirt wird, zu weit nach, als daß sie nicht ungleich mehr gesucht und besser bezahlt werden sollte, zumal ihre Ausfuhr sich je länger je mehr vermittelst der Schiffahrt nach solchen Ländern hin verbreitet, wo sie bisher wenig bekannt war.

Auf den Ausfuhrhandel der Butter hat der Schleswig-Holsteiner um so mehr Ursache, sein vorzüglichstes Augenmerk zu richten, und diesen wichtigen, ihm eigenthümlichen Erwerbszweig nach Möglichkeit zu vervollkommnen und zu erweitern, da der Zeitpunkt nicht mehr so ganz ferne zu seyn scheint, wo die Länder, welche bisher einer ansehnlichen Kornzufuhr bedurften, dahin gelangen werden, daß sie derselben, wenn nicht ganz entrathen, doch ihren Bedarf aus solchen Gegenden ziehen können, welche ihn derweit, wegen der mindern Productionskosten, preiswürdiger zu liefern vermögen, als Schleswig-Holstein. So wenig erfreulich diese Aussicht in Hinsicht des Getreidehandels für dasselbe ist: so zuversichtlich darf es darauf rechnen, daß seine Butter im Verhältnisse zum Korn noch lange einen Werth behalten wird, der den von diesem weit übertrifft, weil es in Verfertigung derselben nicht nur der Nebenbuhler sogar wenige hat, sondern auch eine erhöhete und verbesserte Viehzucht auf den Getreidebau den wohlthätigen Einfluß hervorbringt, daß bei derselben auf einer geringeren Fläche Landes dennoch eben so viele Früchte, ja mehrere erzielt werden können, als ohne dieselbe auf der größeren *).

Aus einer Molkerei, vermittelst der Fabrikation von Butter den möglichst-höchsten Gewinn zu ziehen, kommt es darauf an, sie zugleich in *vorzüglichster Güte und dabei größter Menge* zu verfertigen. Die Meierin, welche diese Aufgaben am besten zu lösen versteht, ist die vorzüglichste.

Ausgezeichnet schöne Butter muß eine durchaus feste, von allen käsigen Theilen, aller Waddick, Milch und Lake freie Masse bilden, die beim Durchschneiden eine durchaus

*) Obiges ward schon vor längerer Zeit niedergeschrieben; die Erfahrungen der letzteren Jahre haben es zum Theil wahr gemacht.

gleiche schöne hellgelbe Farbe hat, frisch und angenehm riecht, süß und lieblich schmeckt, dergestalt, daß zwar das ihr zugesetzte Salz mäßig zu kosten ist, solches jedoch durchaus zergangen seyn, und nicht zwischen den Zähnen knirschen muß; dabei nach geraumer Zeit noch so frisch und gut ist, als wenn sie so eben eingeschlagen worden wäre. Butter von dieser Güte zugleich in größter Menge zu verfertigen, ist sehr schwer, ja oft unmöglich, weil die Witterung, und die durch sie hervorgebrachte Temperatur der Luft in dem Lokale, welches zur Aufbewahrung der Milch dient, das völlige Aussahnen der Milch schlechterdings unmöglich macht, und man sodann zwischen zweien Uebeln, entweder wenigere oder schlechtere Butter zu bekommen, das kleinere zu wählen hat, und die Menge der Güte nachstehen muß.

Nur der Milch süß entnommener Rahm liefert gute Butter. Läßt man ihn zu einiger Säure gelangen, bevor man ihn abschöpft, so erhält man allerdings einige Butter mehr, aber weil dieser dann käsige Theile sich zugesellen, um so schlechter. Läßt man aber den Rahm auf der Milch einen hohen Grad von Säure erlangen, in der Hoffnung, dadurch vermittelst der mehreren Butter für deren Güte, so wie die schlechtere Beschaffenheit der von saurer Milch gemachten Käse entschädigt zu werden: so irrt man sich sehr; weil bei zunehmender Säure drr Rahm sich in sich selbst verzehrt, und man auf die Weise nicht mehrere, und obendrein schlechtere Butter erhält. Sobald die geringste Säure bei der Milch einfällt, hört sie auf, Rahm abzusondern, und das Mehrere, was bei einem gewissen Grade von Säure der Rahm an Butter liefert, entsteht von sich absondernden käsigen Theilen: wie man denn ja auch in Mecklenburg von abgerahmter Milch eine Art Butter macht, welche Käsebutter genannt wird, und nicht nur von den kleinen Leuten statt der gewöhnlichen Butter gegessen, sondern auch auf manchen Höfen dem Gesinde zu diesem Behufe gegeben wird.

Zur Wahrnehmung des rechten Zeitpunktes, wo die Säure bei der Milch eintreten will, ist eine ununterbrochene große Achtsamkeit der Meierin um so nothwendiger, je veränderlicher die Witterung und Temperatur der Luft ist, je weniger das zur Aufbewahrung der Milch dienende Lokal dazu geschickt ist, die beste Temperatur der Luft unter allen Umständen auf die möglichst gleichste Weise zu erhalten; so wie er aber wahrgenommen wird — welches dem geübten Blicke einer erfahrnen Meierin nicht schwer wird — muß dann ungesäumt, ohne Rücksicht auf die Zeit, es sey Tag oder Nacht, zum Absahnen geschritten werden. Eine umsichtige Meierin begiebt sich daher an keinem schwülen Sommertage zu Bette, ohne vorher ihre Milch untersucht zu haben, um nach Maaßgabe ihrer Beschaffenhett die Mädchen in der Nacht wecken, und zum Abrahmen schreiten, ja dieses sogleich, wenn's erforderlich seyn sollte, vornehmen zu können. Die zum Aussahnen der Milch am besten sich eignende Temperatur der Atmosphäre ist eine Wärme von 10 — 12 Grad. Bei derselben hat gewöhnlich die Milch in 36 Stunden allen Rahm abgesetzt, und man erhält dann 3 Satz Milch, womit gewiß im Sommer jeder Holländer vollkommen zufrieden ist. Bei einer höhern Temperatur und bei mangelhaft beschaffter Reinigung des Geräthes erfolgt die Säure der Milch viel schneller, und die Meierin kann dann nie mehr als 2 Satz Milch zur Zeit im Keller stehen haben. Umgekehrt dauert bei einer kühlern als die angegebene Luft-Temperatur, es viel länger, als 36 Stunden, ehe die Milch, ohne sauer zu werden, alle Sahne abgesetzt hat. Im Spätherbst und Winter kann sie dann so lange stehen, daß sich wohl 6 bis 7 und mehrere Sätze im Keller befinden. Eine zu kühle Luft-Temperatur ist eben sowohl dem gehörigen Aussahnen nachtheilig, als eine zu wärme, indem bei derselben die Absonderung des Rahms zu langsam von Statten geht, dieser dadurch und während der Aufbewahrung in den Rahmstannen, um zum Buttern geschickt zu werden, zu alt wird, gute d. h. schmack- und dauerhafte Butter zu liefern. Deswegen, und um früher zum Buttern gelangen zu können, seihet die Meiersche im Winter zu dem in den Rahmstannen schon vorhandenen Rahm eine Parthie Milch, so wie sie von der Kuh kommt.

Ist nun der Rahm zur rechten Zeit von der Milch genommen und in die Rahmstannen geseihet: so muß er in denselben gerade nur so lange, weder kürzere noch längere Zeit bleiben, als bis er zum Abbuttern geschickt, d. h. unter wiederholtem Umrühren hinreichend dick und säuerlich geworden ist. Damit der Zeitpunkt, wo der Rahm zum Abbuttern die erforderliche Beschaffenheit hat, weder zu schnell herbeigeführt, noch zu lange verzögert werde, müssen die Rahmstannen mit der darin enthaltenen Sahne nach Beschaffenheit der Jahrszeit und Witterung bald an einen möglichst kühlen, bald an einen warmen Ort hingestellt werden. Nur Uebung und Erfahrung, in Verbindung mit der nöthigen Achtsamkeit, machen es möglich, hier immer das Richtige zu treffen, worauf aber doch so vieles beruht, um beides, schöne und viele Butter aus dem Rahme zu erhalten.

Ist nun die Sahne in den Stannen zum Buttern hinlänglich geeignet: so muß dann bald möglichst dazu geschritten werden. Bevor der Rahm aber ins Butterfaß getragen wird, muß dieses, je nachdem die Witterung heiß oder kalt ist, entweder mit dem kältesten Brunnenwasser durch Ausspühlen abgekühlt, oder durch heißes Wasser auf gleiche Weise erwärmt werden, weil zum schnellen und gehörigen Abbuttern ein eigner Grad von Wärme erforderlich ist. Nachdem die Sahne ins Butterfaß gebracht worden ist, wird nun entweder eiskaltes oder warmes Wasser, wie die Umstände es erforderlich machen, so lange zugespühlt, bis der Rahm den Grad von Wärme erreicht hat, welcher nach der praktischen Erfahrung der Meierin zur Hervorbringung guter Butter erforderlich ist. Nun beginnt das Buttern selbst, und sobald die Butter anfängt sich abzusondern, welches man hier mit dem Ausdrucke bezeichnet: „der Rahm schifftet," so wird wiederum im Sommer eiskaltes, im Winter warmes Wasser nach Erfordern zugespühlt, um die völlige Sonderung der Butter von der Milch, und deren Ansetzung in größere Klumpen zu befördern. Ist letzteres hinreichend bewirkt; so wird langsamer und stoßweise gebuttert, um die Vereinigung der kleinen Partikeln Butter, die in der Milch noch vorhanden sind, mit den größern Klumpen zu bewirken. Letzteres muß, wenn gut und rein abgebuttert ist, dergestalt geschehen seyn, daß keine noch so kleine Stückchen Butter mehr in der Milch zu finden sind. Nun wird das Butterpferd abgespannt, das Butterfaß geöffnet, die Butter mit Schleefen herausgenommen, und in eignen Gefäßen (Baljen, Butten, Mulden) zur fernern Behandlung nach dem im Butterkeller stehenden Troge gebracht. Sie muß dann hart, fest, und im Sommer von schöner gelber Farbe seyn.

Bei sehr heißen Sommertagen, und vorzüglich, wenn Gewitter in der Luft sind, ist es oft kaum möglich, die Butter hart und fest dem Butterfasse zu entnehmen. Um jedoch dann in dieser Hinsicht das Mögliche zu thun, buttert man bei einer solchen Witterung nach Sonnenuntergange, bei eingetretener Kühle, unter Zuspühlung von kältestem Brunnenwasser, oder indem man, wenn es zu haben ist, Eis aus dem Eiskeller hineinwirft, bis zum Schifften: spühlt dann kalt zu, und läßt alles bis zum folgenden Morgen stehen, wo dann in aller Frühe, und vor Aufgang der Sonne, das Zusammenbuttern geschieht, und man auf die Weise die Butter dahin bringt, daß man sie in einiger guten Beschaffenheit erhält, wohingegen sie bei Vernachläßigung der eben gedachten Maaßregeln oft so weich, schmierig, ja gàr flüssig ist, daß man sie durchaus nicht gehörig handhaben und behandeln kann.

Im Buttertroge wird die Butter sogleich mit den Händen durchgeknetet, um sie so viel möglich von der Milch zu befreien; dann die erforderliche Quantität Salz hinzugesetzt, und sie mit demselben wieder durchgeknetet. Nun läßt die Meierin sie einen oder nach Erfordern mehrere Tage im Troge liegen; bearbeitet sie dann durch Kneten und Schlagen mehrere Male so lange, bis alle Milch und Lake gänzlich herausgearbeitet, das Salz aber völlig zergangen ist. Die Butter kann eben sowohl zu viel, als zu wenig gearbeitet werden. Im ersteren Falle wird sie schmierig und weich; im letzteren nicht egal, minder wohlschmeckend und haltbar, weil Milch und Lake nicht gehörig herausgebracht, auch das Salz nicht gehörig vertheilt wird.

Das Waschen der Butter ist in der Regel nicht erforderlich, und mehr nachtheilig als gut, weil sie dadurch so leicht einen Theil des Aromatischen verliert. Ist hingegen die Butter zu weich, um sich gehörig behandeln zu lassen: so muß allerdings reines Wasser, so kalt es nur zu haben ist, darüber her gegossen werden, und sie in demselben so lange stehen, bis sie die gehörige Konsistenz erreicht hat. Wird gleich in großen Holländereien die Butter mit den Händen bearbeitet: so bedient sich doch zuweilen die Meierin so viel möglich auch dann, wenn sie zu heiße Hände hat, sich der Schleefe dazu, oder sie taucht von Zeit zu Zeit die Hände in eiskaltes Wasser, um sie abzukühlen.

Zum Salzen der Butter bedient man sich mehrentheils des Lüneburger Salzes, weil es besser als das Oldesloer und Englische dazu geschickt ist. Es verbindet nämlich mit einer vorzüglichen Weiße und Feinheit die Eigenschaft, daß es sich geschwinder auflöset, und bei Butter angewandt, sich mit derselben so schnell aufs genaueste verbindet, daß es möglich wird, die durch dasselbe veranlaßte Lake noch vor dem Einschlagen der Butter in Gebinde völlig zu entfernen. Ohne Salz kann auch die aufs beste bearbeitete Butter sich nicht halten; salzt man sie aber stärker als nothwendig ist, so verliert sie an Schmackhaftigkeit, und geschieht es nicht hinreichend, so kann sie nur zum baldigen Gebrauche, nicht aber zur Aufbewahrung dienen, weil sie bald übel schmeckt, alt und bitter wird. Hier das rechte Maaß zu treffen, ist daher eben so wichtig, als es nur zu oft verfehlt wird.

Der Butter auch im Winter, wo sie von der trocknen Stallfutterung weiß aussieht, die gelbe Farbe zu geben, welche sie dem Städter angenehm macht, mischt man Orleans zu dem Salze, womit man die Butter durchknetet, und färbt sie dadurch. Je glücklicher man die Mischung des Salzes mit der Butterfarbe (Orleans) dergestalt trifft, daß die Farbe der Butter derjenigen gleich kommt, welche sie im Sommer zu haben pflegt, desto besser ist es. In Holland bedient man sich zu diesem Zwecke des Saftes der Ringelblume, in einigen Gegenden Deutschlands den der Möhren, indem man ihn vor dem Buttern in den Rahm träufelt, welches wohl dem Färben, wie es bei uns gebräuchlich, vorzuziehen seyn möchte.

Sobald eine Quantität Butter zur Aufbewahrung und Versendung hinreichend bearbeitet ist, muß sie sodann ungesäumt in die Gebinde, Viertel-, halbe oder ganze Tonnen geschlagen werden. Den Boden dieser Gefäße bestreut man zuvor mit Salz, reibt die Seiten damit aus, und schlägt sie nun mit einem Male dergestalt voll Butter, daß diese stark hineingeworfen, und recht fest und eben eingeknetet wird. Ist das Gefäß gefüllt, macht man die Butter oben mit einem Schleefe eben, bestreut sie dann mit Salz, legt den Deckel lose über das Gebinde, und setzt es dann in einen kühlen aber nicht feuchten Keller auf Bretter, die durch eine kleine Unterlage etwas von der Erde erhöht sind. Soll nun die Butter versandt werden, so schlägt der Böttcher den Deckel zu, befestigt die Reifen des Gebindes hie und da durch eiserne Nägel, die nicht größer sind, als daß sie gerade durch die Reifen und das Holz des Gefäßes dringen. Zuweilen schlägt man auch zur Befestigung der Bänder kleine hölzerne Pflöcke vor dieselben, indem man mit einem kleinen Bohrer ein Loch in das Gebinde macht, und in dies die Pflöcke dergestalt treibt, daß die Bänder beim Fahren nicht abgehen können. Diese Verfahrungsart ist aber nicht zu empfehlen, und steht der Befestigung der Reife durch Nägel weit nach; einmal, weil bei dem Bohren der Löcher ein Theil der dadurch entstehenden Spähne mit der im Gefäße befindlichen Butter vermischt wird, dann auch, weil die Pflöcke selbst zum Theil in die Butter dringen, und die um sie herum liegende früher altschmeckend wird. — Nun werden die Gebinde oben entweder mit einem Reiß-Eisen, oder mit Schwärze numerirt, mit den Anfangsbuchstaben desjenigen bezeichnet, der sie haben soll, und also versandt.

Eine Tonne Butter im Bande pflegt zu wägen 280 bis 320 Pfunde. Früher wurden für das Holz an Thara nur 32 Pfund abgezogen, und das Gebinde wog dann eine nicht unbeträchtliche Menge von Pfunden mehr; man erhält also eine bedeutende Anzahl Pfunde Holzes gleich der Butter bezahlt. In neueren Zeiten aber ist es dahin gekommen, daß man auf jede Tonne im Bande 40 Pfund Thara abrechnet, und das Gebinde nur einige wenige Pfunde mehr wiegen darf, als erforderlich ist, um den Werth desselben bezahlt zu machen. Eine Tonne Netto hält 224 Pfund. Verkauft man nun die Butter tonnenweise, so wird von dem, was eine ganze Tonne Brutto wägt, zuvörderst die Thara abgezogen, von dem übrigen bleibenden Gewichte werden 224 Pfund als eine ganze Tonne gerechnet, und die sodann noch übrig bleibenden Pfunde nach dem Preise berechnet, der für eine ganze Tonne, oder 224 Pfund bedungen ist.

Wenn in einer Holländerei von einiger Bedeutung im ganzen Jahre von jeder vorhanden gewesenen Kuh im Durchschnitte 112 Pfund Butter gewonnen werden: so ist solche dann in sehr guter Verfassung, und dies eine Ausbeute, deren nur Einzelne in Schleswig und Holstein sich erfreuen. Ein höherer Ertrag an Butter gehört zu den Seltenheiten. Im Ganzen ist man mit 80 — 90 Pfund Butter von jeder Kuh schon sehr zufrieden.

Die Zahl der Kannen Milch, welche hier zu einem Pfunde Butter erforderlich sind, ist natürlich nach Beschaffenheit des Viehes, dessen Nahrung und der Behandlung der Milch verschieden. Sechs Kannen ist wohl das Wenigste, so wie

neun

neun das Meiste, wenn man die Milch eines ganzen Jahres im Durchschnitte nimmt. —

So wie hier die Bereitung der Butter beschrieben ist, findet sie in unsern Bauerwirthschaften nicht immer Statt. Stellenweise wird die Milch mit dem Rahme durchgebuttert, und manche Landfrauen befolgen gar hinsichtlich der Butterfabrikation jene Regeln, welche im Auslande, vornämlich in den Niederlanden, herrschend sind: sie nehmen nämlich den Rahm nicht eher von der Milch, als bis diese eine säuerliche, dicke Natur angenommen *). Dadurch hat ihre Butter denn auch nie den schönen, süßen Geschmack der Hofbutter. — Unter den Geestbauern schlägt wohl der Angler die meiste und beste Butter. Nach Iversen's Bericht soll es dort Wirthschaften geben, die hundert und vierzig bis funfzig Pfund und noch mehr von der Kuh zu Markt bringen. — Von der Eiderstädtischen Butter sagt Volkmar: „Sie wird in ansehnlicher Menge fabrizirt; freilich ist diese Milch sehr fett, und liefert auch einen sehr dicken und fast zähen Rahm. Man rechnet auf 50 Kannen Milch 4 bis 5 Pfund Butter, oder auf eine Kuh wöchentlich $3\frac{1}{2}$ bis $5\frac{1}{2}$ Kopp, das ist etwas mehr als sechs Pfund. Denn es wird hier die Butter in größeren Quantitäten, über 16 Unzen, nicht pfundweise verkauft, sondern in einer Art cylindrischer Form, fünf Viertelpfund haltend, die hier ein Kopp genannt wird. Aber weder Milch noch Butter kommen dem innern Werthe und Wohlgeschmack der holsteinischen nur in der Ferne gleich. Die eiderstädter Butter könnte eben so gut werden als die holsteinische, wenn sie nur sorgfältiger zube-

*) Manche unserer Schriftsteller widerstreiten dies, aber ich bin mehrfältig Augenzeuge obigen Verfahrens gewesen.

reitet würde. Darum bekümmert man sich aber nicht sehr, weil sie doch rasch genug abgeht, wie gut oder schlecht sie auch immer sein mag. — Die hiesige Butter wird noch mehr dadurch verdorben, daß man die aus Schaafsmilch gemachte mit derselben vermischt, und so zusammengeschlagen sie verkauft. Dadurch wird ihr frühes Sauerwerden und ihr unangenehmer Geschmack sehr befördert, wenn sie auch noch so sorgfältig aufbehalten, und in eingeschlossenen Gefäßen oder kleinen Schränken bewahrt wird. Dessen ungeachtet wird die Butter zu allen Zeiten sehr begierig von Husum und Friedrichsstadt aufgekauft." — Ueber das Buttermachen in der Wilstermarsch theilt Herr Professor Niemann uns Folgendes mit: „Die frisch gemolkene Milch, welche, weil die Kühe meistens bis nahe ans Haus getrieben werden, niemals darf weit getragen werden, wird sogleich in platte, hölzerne Bütten geseihet; zur Sommerzeit etwa nur zwei Zoll, im Herbst und Winter wohl doppelt so hoch. Im heißen Sommer steht die Milch in dem Fasse, welches viel mehr aufnehmen könnte, so seichte, daß sich der Rahm mit der Kelle nur eben noch oben abnehmen läßt. Zum Absetzen des Rahms wird die Milch alsbald in den Keller auf Bretterborden gestellt. Zu dem Ende hält man die hölzernen Bütten weit vortheilhafter, als zerbrechliche glatte Töpfe, wie sie zum Theil noch im Dithmarschen, aber wahrscheinlich nur bei wenigen Kühen, üblich sind. Zur warmen Sommerszeit läßt man die Milch nur sechs und dreißig Stunden unangerührt stehen, worauf dann der Rahm abgenommen, in ein besonderes Rahmfaß geschüttet, und so lange aufgehoben wird, bis zum Buttern der gewöhnliche und gehörige Vorrath ist. Dieser ist aber im Sommer fast täglich da, und in keinem Falle wird das Buttern lange verschoben, weil dann die Abscheidung der Butter je länger, desto schwerer geht. Im Herbst und Winter läßt man die Milch acht und vierzig Stunden und zuweilen wohl sechszig Stunden bis zum Rahmen alt werden. Innerhalb dieser Zeiträume wird die Milch nur selten dick. Verständige Hausfrauen suchen keinen Vortheil darin, die Milch im Herbst und Winter älter als acht und vierzig Stunden werden zu lassen, und sind bemüht, durch vorsichtige Reinhaltung ihrer Milchgefäße die Milch lange süß zu halten. Man hat nämlich erfahren, daß sich der Rahm von älterer Milch schwerer abbuttern lasse; welches auch der Fall ist, wenn die Milchgeräthe nicht sauber gehalten, oder wenn Kühe, welche bald kalben sollen, immer noch gemolken werden; in welchen Fällen dann auch natürlich weniger Butter gewonnen wird. Die Milch mit dem Rahm dick werden zu lassen, und so ins Butterfaß zu schütten, wird aus gleicher Ursache hier verworfen. Diese Methode, auf der westlichen Geest und zum Theil in der Krempermarsch gebräuchlich, hat auch die große Unbequemlichkeit, daß man alle Milchbutten zur Winterszeit der Wärme eines Ofens aussetzen muß, damit die Milch dick werde, welches hier, bei vieler Milch, sehr beschwerlich seyn müßte. Ob übrigens die Hausfrauen der Wilstermarsch in diesem Verfahren recht haben, und ob die Holländer mit diesen ihren Schülerinnen, wenn sie dies wirklich sind, Ehre einlegen, bleibt hier billig unentschieden.

Den Rahm läßt man hier im erwähnten Rahmfasse, welches zur späten Herbst- und Winterzeit zugedeckt der gelinden Wärme ausgesetzt wird, so lange stehen, bis er ohngefähr dicke und gelinde säuerlich geworden. Sodann wird er alsbald in das Butterfaß geschüttet, und von Menschenhänden abgebuttert. Zur Förderung dieser Arbeit wird im Sommer etwas kaltes Wasser zugegossen und nachgespühlt. Die weitere Behandlung ist nicht wesentlich abweichend; die ausgezogene Butter wird erstlich gewaschen, dann geknetet, gereinigt und gesalzen, auch wohl, aber gewöhnlich nur auf den Wunsch des Butterkäufers, mit vorher gefärbtem Salze die Farbe verbessert.

Die hiesige Marschbutter ist allerdings im Allgemeinen von besonderer Güte, und wegen ihrer Reinlichkeit und Fettigkeit geschätzt. Sie wird deshalb, und gewöhnlich auch wegen ihres Wohlgeschmacks, der Butter von benachbarten Geestdörfern weit vorgezogen. In ihrer natürlichen Farbe, wovon ihre Güte nicht immer abhängt, ist sie verschieden; doch meistens im Sommer gelb, außerdem fett, und darum oft mehr weich als hart, wenigstens, wie allgemein bekannt, weicher als die Geestbutter. Auf der Geest fehlt gewöhnlich der Keller, und in der Kammer, wo die wenige Milch und Butter oft in kleinen Gefäßen offen dasteht, nimmt sie von dem immerwährenden Rauch vielleicht einen Geschmack an. Denn bei dem Mangel an Schornsteinen ist oft das Haus so von Rauch erfüllt, daß sich vor dem Giebel wohl Fleisch räuchern ließe. Ueberdies mag die Reinlichkeit in den kleineren Geestwirthschaften im Allgemeinen noch nicht zur Gewohnheit geworden seyn *). Selbst die Butter aus Angeln, welche im Herbste 1820 häufig hierher kam, und von

*) Sehr richtige Bemerkungen! Eine so lobenswürdige, sich auf alle Gegenstände der innern Wirthschaft erstreckende, Reinlichkeit auch bei unsern Marschbewohnern, bei den Anglern, den Schleswig-Holsteinischen Insulanern Statt findet: so schmierig und unsauber geht es auch oft noch bei manchen unsrer Geestbauern zu. Und daß die Bauart der holsteinischen Bauerhäuser und deren innere Einrichtung viel Schuld an eine verkehrte Behandlung der Milch, und in Folge dessen an die Fabrikation unschmackhafter Butter trägt: ist auch ganz meine Meinung.

Höfern wohlfeiler überlassen wurde, ward, obwohl fester und gelb, doch den Abnehmern bald zuwider, weil sie ihnen noch zu mager (soor) oder alt war.

Die meiste Butter wird in Fässer von zwanzig bis funfzig Pfund eingeschlagen, und gleich an die sogenannten Butterkäufer abgegeben, die zur Sommerszeit gewöhnlich wöchentlich sie nach Hamburg liefern." —

Der hier erwähnte directe Butterverkauf an die Fetthändler hat ohnstreitig vor dem in manchen unserer Geestgegenden, so auch in Angeln, gewöhnlichen Handel der kleineren Bauern mit den sogenannten Aufkäufern seine großen Vorzüge. Diese kaufen die Butter von den kleinen Landbesitzern, die nur einige Kühe halten, bei Kleinigkeiten zusammen; kneten solche, wenn sie eine Parthie gesammelt, in Eine Masse, schlagen sie in Viertel- oder halbe Tonnen ein, und versenden sie als Schwansener, Angler rc. Butter nach den benachbarten großen Städten. Nichts ist natürlicher, als daß solche Mischung eine nur sehr mittelmäßige Waare abgeben kann. Dadurch kommt denn die Butter gewisser Gegenden, ohne Schuld der ursprünglichen Fabrikanten, in einen schlechten Ruf, und diesen wird bei größeren Quantitäten, selbst wenn ihre Waare von der vorzüglichsten Qualität, der Absatz merklich erschwert. —

Man unterscheidet nach der Güte und im Preise hier mehrere Arten der Butter. Die Grasbutter wird in Mai-, Vorsommer- und Nachsommer- oder Stoppelbutter getheilt. Erstere hat ihren Namen von der Zeit, da die Kühe aufs Gras kommen, erhalten; sie ist zwar Anfangs sehr schön von Geschmack, hält sich aber nicht lange, und wird deshalb sogleich von der Hand geschlagen. Die Vorsommerbutter, welche während des Junius und Julius gemacht wird, giebt der vom August bis in den ersten Tagen des Novembers fabrizirten in der Regel an Güte wenig nach.

Geräth im heißen Sommer, so wie in den Hundstagen, wenn die Butter zu weich ist, um alle Milchtheile gehörig auszuarbeiten, eine oder die andere Tonne nicht am besten: so bezeichnet man diese zwar gewöhnlich zur Nachricht für den Käufer, erhält übrigens meistens denselben Preis dafür, als welcher für die ganze Lieferung à Tonne bedungen ward. Vorsommer- und Stoppelbutter weichen selten im Preise von einander ab. Von der Stallbutter hält man die sogenannte Frischmilchsbutter für etwas besser, als die Altmilchsbutter vom Spätherbst. —

Wir gehen nunmehr

B. zur Bereitung der Käse

über, und wollen zuvörderst von der Fabrikation der sogenannten Holländerkäse, welche in unsern Gutsmolkereien verfertigt werden, reden.

Das Verfahren dabei ist folgendes: Die abgerahmte Milch wird, so wie der Rahm von ihr abgeschöpft ist, sogleich zum größeren Theile in die Käsebalje, zum kleineren in den dazu bestimmten kupfernen Kessel getragen. Nachdem die letztere nach Beschaffenheit der Jahreszeit und der von ihr herrührenden größeren oder minderen Wärme weniger oder stark erwärmt worden ist, gießt man sie zu der in die Käsebalje, fügt das Scheidungsmittel (Stremmels genannt) hinzu, rührt alle Milch recht wohl um, deckt die Käsebalje zu, und läßt nun die Milch so lange stehen, bis sie geschieden ist, oder die festen (käsigen) Theile sich von den wäßrigen (der Waddick) abgesondert haben. Nun nimmt man den Deckel ab, rührt alles tüchtig durch einander, und wartet die

Zeit ab, bis die käsigen Theile sich auf den Grund der Balje gesenkt haben. Darauf schöpft man mit einem messingenen Kessel die Waddick ab, seihet sie, damit keine Käsekrumen verloren gehen, durch ein Thems; und ist das Abschöpfen in so weit bewirkt, daß es mit dem Kessel nicht gut weiter fortgesetzt werden kann: so nimmt man das bei Beschreibung des Meiereigeräthes gedachte Brett, treibt mit demselben die Käsekrumen dermaßen zusammen, daß die fernere Abschöpfung der Waddick und die letzte, vermittelst eines Schleefes, in dem Kessel Statt haben kann. Ist die Waddick möglichst rein abgeschöpft, wird der Wrungel eine Zeitlang mit den Händen bearbeitet, um ihn von der Waddick zu befreien, die dann, so wie sie sich in der Käsebalje anhäuft, immer wieder rein abgeschöpft wird. Um dies desto leichter zu können, wird die Käsebalje auf dem ihr zur Unterlage dienenden Dreifuße in eine solche Stellung gebracht, daß der eine Theil des Bodens niedriger als der andere ist, dahin also die Waddick sich sammeln, die Käsekrumen aber nach dem höhern Theile hinaufgearbeitet werden können.

Hat man vorgedachtermaßen das Krümeln des Wrungels, um von diesem die Waddick zu sondern, einige Zeit fortgesetzt: so wird er in einen Käsekopf gefüllt, die Drückschüssel darauf gelegt, und die Meierin sucht, indem sie durch Knieen auf diesem mit der ganzen Last ihres Körpers darauf ruht, den Wrungel dermaßen zusammen zu pressen, daß die darin enthaltene Flüssigkeit durch die im Käsekopfe befindlichen Löcher ab, und an dem niedern Ende der Käsebalje zusammenfließt, um dort weggeschöpft werden zu können. Dann wird der Käsewrungel aus dem Käsekopfe gestülpt, mit den Händen zertheilt, und abermals gekrümt; hierauf wieder in den Käsekopf gebracht, und von neuem auf vorgedachte Weise zusammengedrückt, welches Verfahren so lange fortgesetzt wird, bis mit den Händen keine Waddick mehr aus den Käsekrumen herauszubringen ist. Jetzt wird die erforderliche Quantität Salzes, wozu man sich gewöhnlich des Oldesloer zu bedienen pflegt, hinzugefügt, die Käsemasse noch einmal wohl durchgekrümt, und dann zum letzten Male in den Käsekopf gefüllt, indem man vorher ein dazu bestimmtes hedenes Tuch dergestalt gelegt hat, daß die Enden desselben über die in den Kopf gebrachte Käsemasse zusammengeklappt werden können. Nun werden die Drückschüssel und der Folger aufgelegt, dann aber der Käse nach der Paßbank gebracht, um daselbst gepreßt zu werden. Je besser dies geschieht, um so schöner ist es, weil sehr viel darauf beruht, daß die Waddick möglichst rein aus dem Käse herausgebracht werde. — Ist der Käse gehörig und hinreichend gepreßt: so wird er in die Käsesetten gebracht, um in denselben unter täglichem Umwenden, dergestalt, daß das, was am Tage zuvor unten war, am folgenden oben kommt, so lange zu bleiben, bis er die ohngefähre Form erhalten hat. Hierauf wird er nach der Käsekammer gebracht, und dort auf die Käsestellen gesetzt, woselbst er, bis er zum Verkaufe hinreichend getrocknet ist, täglich gekehrt und mit einem Tuche abgewischt wird. Soll er dann versandt werden, so wird er entweder mit einem Messer abgeschrapt, oder mit reinem Wasser abgewaschen und abgetrocknet. Auf 100 Pfund Käse werden hier beim Verkauf im Großen 2 Pfund Gutgewicht gegeben.

Die Verfertigung des Scheidungsmittels, dessen man sich bei Bereitung der Käse bedient, geschieht folgendermaßen:

Man nimmt süße Waddick, kocht sie, thut Salz hinein, schlägt sie mit einer Ruthe so lange, bis durch Auflösung des Salzes eine so starke Lake entstanden ist, daß sie ein Ei trägt. Nun nimmt man auf jede Kanne Lake zwölf, gewöhnlich durch Rauch getrocknete Kälbermagen, hackt oder schneidet sie in kleine Stücke, thut sie in ein wohl glasirtes, irdenes Gefäß, gießt die Lake überher, deckt das Glas zu, und läßt nun alles 14 Tage ruhig stehen, nach deren Ablauf die Flüssigkeit brauchbar ist, und einige Tropfen derselben hinreichend sind, die zu einem Käse erforderliche Milch in gehöriger Zeit zum Gerinnen zu bringen.

Daß nach Stärke oder Schwäche des Stremmels, je nachdem die Milch mehr oder weniger Neigung zur Säure hat, die Temperatur wärmer oder kälter, die in den Kessel gebrachte Milch mehr oder weniger erwärmt ist, weniger oder mehr von demselben hinzugefügt werden muß, versteht sich. Hierin, so wie in dem Salzen das Rechte zu treffen, imgleichen alle Waddick möglichst rein herauszubringen, und den Käsen eine Form zu verschaffen, die weder zu hoch noch zu platt ist, bewährt sich die erfahrne umsichtige Gewandtheit der Meierin. — Käse, welche von Milch verfertigt werden, die schon säuerlich geworden ist, erlangen bei allem aufmerksamen Fleiße dennoch nie die gehörige Form, gehen in eine faule Gährung über, verbreiten dadurch einen unangenehmen Geruch, sind zum Absenden weniger geschickt, und wegen des Allen wohlfeiler; werden aber doch von Einigen, ihres strengen, barschen Geschmackes wegen, und selbst wenn sie voll Maden sind, gern gegessen.

Erfordernisse eines guten Holländerkäses (d. h. eines solchen, wie er hier gedachtermaßen von abgerahmter Milch verfertigt wird) sind: daß er die gehörige Form habe, weder zu hoch noch zu platt sei; die Rinde eine gelbliche Farbe habe; er durch Hinzufügung von zu vielem Stremmel nicht laffig schmecke; die ganze Masse sich gleich, von reinem Geschmack, dabei aber möglichst mager sei. Die fetteren Käse sind freilich dem Käufer angenehmer, und allerdings schmackhafter, allein dem Verkäufer nicht vortheilhaft, weil diese ihre Eigenschaft beweiset, daß die dazu genommene Milch, in Ermangelung des gehörigen Aussahnens, zu fett gewesen ist, und der etwanige höhere Preis der Käse für den gehabten Ausfall in der Butter nicht zu entschädigen vermag.

Das Mehrste, was in einer beträchtlichen Holländerei in einem Jahre von jeder Kuh im Durchschnitte an Käsen gewonnen wird, sind wohl 150 Pfund; im Ganzen ist man schon mit 100 Pfund pr. Kuh sehr zufrieden. — Man unterscheidet die Käse in Stoppel-, Sommer- und Winterkäse.

Unsere Geestbauern geben sich mit der Fabrikation von Käsen nicht ab. Sie mästen mit der erübrigten Milch Schweine, oder wenden sie auch zur Anzucht von Kälbern an. Desto üblicher aber ist die Käsebereitung in verschiedenen Gegenden unserer Marschen, wo man in der Regel die Milch dazu, wie sie von der Kuh kommt, in den Kübel seihet.

In Eiderstedt verfertigt man freilich zum täglichen Gebrauche und für den Gesindetisch Käse von abgerahmter Milch, wovon das Pfund nur auf $1\frac{1}{2}$ bis 2 Schill. zu stehen kommt; indeß fabrizirt man doch auch häufig eine Sorte, zu welcher nur die fettere Milch im Nachsommer, mit Rahm versetzt, gebraucht wird, und welche das Pfund nicht unter 5 Schillinge geliefert werden. Diese Käse sind von desto größerer Güte, je richtiger das Maaß in Hinsicht des zum Gerinnen der Milch erforderlichen Laabs und der nöthigen Wärme getroffen, je besser die geronnene Milch gebröckelt worden, je mehrere Jahre hindurch sie sich halten können. Einige Hausfrauen besitzen das Geheimniß, die Käse roth zu färben, und glauben, daß dies ein Specificum gegen das Eierlegen der Insekten seyn soll.

Von den schleswigschen westlichen Inseln werden auch fette Käse ausgeführt. In einer Beschreibung der Insel Föhr wird folgender Art von Käsebereitung, die in der That bemerkenswerth ist, Erwähnung gethan: Weil die meisten Einwohner nur wenige Kühe halten, so würde die Milch sauer werden, ehe sie genug gesammelt hätten, um einen Käse daraus zu machen. Es vereinigen sich deswegen sechs bis acht Hausmütter, ihre Milch in den besten Sommermonaten zusammen zu tragen. Eine jede bekommt dann an einem Tage alles, und so wie eine ihre Milch hinbringt, wird sie im Zuber mit einem Stock gemessen. Ein Einschnitt im Stock zeigt, wie viel jede gebracht hat, und die Erfahrung hat diese Weiber gelehrt, wie sie den Unterschied in der Quantität der Milch unter sich ausgleichen sollen, so daß jede, nach dem Verhältnisse ihres Beitrags, ihren Antheil richtig erhält *).

*) Herr Professor Niemann schlägt ähnliche Vereinigungen benachbarter Landleute zur Bereitung ihrer Butter vor. — In Chateauvieux Briefen über Italien, übersetzt v. Hirzel, Leipzig 1821, 1ster Theil S. 53 f. lieset man, wie sich in der Lombardei, in den Ebenen am Po, deren Sennereien die Parmesankäse liefern, Nachbarschaften ähnlicher Art vorlängst zur Käsebereitung zusammengethan, und gemeinschaftlich zu Stande gebracht ist, was die Kräfte jedes Einzelnen nicht vermochten. Die Gegend ist nämlich in eine große Menge Meiereien zerstückelt. Zu klein sind die meisten derselben, um ein eignes Käsehaus zu unterhalten; denn zu einer Käseverfertigung wird die Milch von wenigstens funfzig Kühen erfordert. Die Theilhaber einer solchen Nachbarschaft tragen darum zweimal am Tage die Milch von funfzig bis sechszig Kühen in eine der ganzen Gesellschaft gehörige Behausung. Hier empfängt der Senn von jedem Interessenten die Milch, hält für jeden ein eigenes Konto,

Ueber das Käsemachen in der Wilstermarsch gab uns neuerlich Herr Professor Niemann folgende interessante Nachrichten:

„Das Käsemachen ist in allen bessern Theilen der Wilstermarsch am üblichsten, die alte Seite des Kirchspiels Wilster und andere schlechte Ländereien ausgenommen, wo der geringere Milchertrag diese Benutzung selten zuläßt. — Das Käsemachen, im Ertrage der Milchtracht beinahe gleich, aber mehr Geräth und Mühe fordernd, hat sich neuerlich in der Wilstermarsch mehr und mehr verbreitet; hingegen wird es in der ganzen Krempermarsch und im Dithmarschen selten und fast nur von dort wohnenden Wilsterschen betrieben, wahrscheinlich weil den dortigen Eingesessenen die Behandlung noch nicht genug bekannt ist. Früher, als die Kanne Milch nur einen Schilling galt, und im Verhältnisse zur Butter der

---

rechnet von sechs zu sechs Monaten mit ihm ab, und bezahlt die Forderung eines jeden mit einer verhältnißmäßigen Anzahl Käse. — Die Ann. de l'agric. fr. V. p. 388. sq. a. XLVIII. p. 122 — 143. geben Nachricht von Verbindungen in gleicher Art, die im Jura-Departement und in der Schweiz geschlossen worden. — Ch. Lullin hat neuerlich eine Schrift ausgegeben, betitelt: Des associations rurales pour la fabrication du lait, connues en Suisse sous le nom de fruitières, à Paris et à Genève. Der Verfasser zeigt die großen Vortheile dieser Vereinigungen in Frankreich für die Erweiterung der Production, wie für die Erwerbsamkeit des Landvolkes, und giebt die Hauptartikel ihrer Einrichtung. — Auf gleiche Weise gesellet man sich in Irland zur Bereitung der Käse. Es vereinigt sich eine Anzahl kleiner Leute, jeder trägt alle Milch eines Tages in eine bestimmte Wohnung, um die zureichende Menge zu einem Käse von 25 bis 30 Pfund zu sammeln, und verfertigt ihn ganz auf englische Art. Ein solches Zusammentreten nach bestimmter Reihefolge wird dort Nachbaren (neighbouring) genannt. (Statist. Survey of Antrim p. 332).

damals noch weniger verfertigte Käse vorzüglich gut im Preise stand, berechnete man, daß die Bereitung desselben die einträglichste Nutzung sei.

Der Wilstermarschkäse sind mehrere Arten, in der Güte bedeutend verschieden. Die verschiedene Größe der Milcherei und die Jahreszeit haben darauf den merklichsten Einfluß. Das Käsemachen findet nicht bei wenigen Kühen, oder doch nicht zur jeglichen Jahreszeit Statt. Es wird nämlich dazu am gewöhnlichsten bloß oder doch zur Hälfte süße Milch genommen. Bei geringem Milchertrage kann dies nicht immer geschehen, und dieser wird entweder durch den Bedarf der Haushaltung, oder durch die vortheilhaftere Verwendung zum Verkaufe als Milch oder Rahm, oder zum Buttern, oft noch vermindert. Mag wohl bei größeren Milchwirthschaften im Herbste eine gute Stoppel- oder Heulandsweide noch für die Kühe bereit sein, und so die Milch dann in der Güte gewinnen, so kommen doch kleineren Wirthschaften und ihren Herbstkäsen diese Vortheile nicht zu Statten.

In einem Hause, wo Käse bereitet werden, befindet sich, außer dem Milchkeller oder der Milchkammer, gewöhnlich auch eine eigene Käsekammer zur Aufbewahrung der Käse, mit den nöthigen Bretterborden versehen, auf welche sie gleich nach dem Pressen gestellt und weiter gehandhabt werden. Wo es an dieser Kammer fehlt, müssen die Käse neben der Milch im Keller ihren Platz finden. Die Kammer muß kühl gelegen, und ganz dicht nach außen sein, damit keine Fliegen hineinkommen; auch muß sie besonders rein gehalten werden.

Die hiesige Käsebereitung weicht von der gewöhnlichen nicht bedeutend ab. Sie geschieht entweder in der geräumigen Küche, oder auf der abgetrennten Vorderdiele, auch wohl in der Backkammer, worin zugleich das Milchgeräth aufbewahrt wird. Es wird dabei die süße Milch, gleich wie sie von der Kuh kommt, in den Kübel geseihet, der auf einem bretternen, niedrigen, in der Mitte offenen Dreifuß steht, auf welchem er sich zum Auspressen und Abgießen der Molken besser handhaben läßt. Soll auch ältere Milch zugesetzt werden, so wird zur schnellern Abscheidung der Käsetheile ein Theil derselben über dem Feuer warm gemacht und der Käsemilch zugegossen. Das Zuthuen des Stremmels, das Krümeln, Salzen, Kästoppen, Passen und fernere Behandlung hat durchaus nichts Abweichendes. — Bei Süßmilchkäsen werden die Molken im Kübel aufgehoben, um noch Rahm abzusetzen, von dem eine schlechte Butter gemacht wird. Das übrige dient zum Schweinefutter.

Die verschiedenen in der Wilstermarsch vorkommenden Arten der Käse, nach der Beschaffenheit und Mischung der Milch mit eigenen Namen benannt, sind folgende. Die vornehmsten, die Rahmkäse, aus einem Theil Rahm, gewöhnlich mit einem Zusatze zwölfstündiger nicht abgerahmter Milch, werden fast nur auf Bestellung und zu besonderem Gebrauch verfertigt, pfundweise mit der Butter zu gleichem Preise. Die Süßmilchkäse, eine zweite Art, zu welchen bloß süße Milch genommen wird, gelten hundert Pfund etwa ein und zwanzig bis fünf und zwanzig Mark. Eine dritte, schon schlechtere Art sind die halb aus süßer und halb aus zwölfstündiger abgerahmter Milch verfertigten Zwölf- und Süßmilchkäse. Diese, vielleicht eben so häufig, wie die vorhergehenden gemacht, kommen zuweilen den Süßmilchkäsen in der Güte so nahe, daß man sie leicht mit denselben verwechseln kann, besonders wenn die zwölfstündige Milch gar nicht, oder nur zum Theil zum Gebrauch in der Haushaltung abgerahmt war. Eine vierte Art sind die aus zwölf- und vier-

und zwanzigstündiger abgerahmter Milch verfertigten sogenannten Zwölf und Vier und zwanziger. Endlich giebt es noch gemeine Käse, zu welchen bloß die auf die gewöhnliche Art abgerahmte Milch genommen wird. Solche werden aber nur wenig gemacht.

Unter dem allgemeinen Namen der Marschkäse sind alle diese Arten überall im Lande geschätzt und haben auch in Hamburg guten Absatz. Sie sind die bessere Käsewaare des Landes, im Gegensatz der Holländereikäse, die auch mit dem Namen der Lederkäse belegt werden. Bedeutend ist der Absatz aus der Wilstermarsch an die Juden in Hamburg und Altona. Diese halten bei demjenigen, der ihnen die Käse liefert, einen eigenen jüdischen Knecht, der darauf zu sehen hat, daß in Ansehung der Reinlichkeit der Gefäße und der ganzen Bereitung Alles den jüdischen Gesetzen gemäß geschehe, damit die Käse in ihrem Sinne rein und kauscher sind. Jeder Käse muß von diesem Knechte mit hebräischen Buchstaben bezeichnet seyn.

Im Lande Oldenburg sind seit einigen Jahren von dort angesiedelten gebornen Schweizern auf zwei Meiereien grüne Schweizerkäse, die den ächten sehr nahe kommen, bereitet. Anfänglich fanden sie zwar guten Absatz, sind aber jetzt lange die courante Waare nicht mehr. Man meint, daß es gerathener seyn würde, sich auf die Fabrikation von Käsen holländischer Art zu legen, da auch die Preise der Holländerkäse neuerlich sehr gefallen sind. Der Absatz ins Ausland, namentlich von Kiel nach Schweden und Preußen hat sehr verloren.

C. Schweinezucht und Mastung.

Es kann davon hier nur in so weit die Rede seyn, als die beste Anwendung der bei Bereitung der Käse nachbleibenden Waddick, der Buttermilch, welche nicht zum Verspeisen gebraucht wird rc., solche in den Holländereien und Bauerwirthschaften nothwendig macht; daher wir uns hier nur insofern damit beschäftigen wollen, als man solche daselbst betreibt. Man sieht hier bei den Schweinen sehr darauf, und achtet es als vorzüglich schätzbare Eigenschaften, wenn sie zart und fein von Knochenbau, lang gestreckt, gerade im Rücken, mehr kurz= als hochbeinigt sind, und von einer Art abstammen, die nicht nur eine beträchtliche Größe erlangt, und leicht fett wird, sondern sich auch stark vermehrt; wie man denn eben wohl große, breite und lange herabhängende Ohren für ein Kennzeichen guter Art zu halten pflegt. Mit Rücksicht auf dies alles wählt man daher die zur Aufsicht bestimmten Säue und Eber aus, indem man erstere zugleich nicht gern von solchen Müttern nimmt, welche ihre Jungen oft erdrückten, auffraßen und überhaupt unruhigen, wilden Temperaments sind; auch wählt man gern zum Aufziehen diejenigen Ferkel, welche an den vorderen Zitzen der Mutter saugen, nicht nur weil solche gewöhnlich größer werden, da in den vordern Zitzen einer säugenden Sau die meiste Milch zu seyn pflegt, sondern auch, weil man bemerkt haben will, daß die an den vorderen Zitzen sich nährenden Ferkel weiblichen Geschlechts fruchtbarer sind, und der Ferkel mehrere werfen.

Den Eber hält man abgesondert für sich im Stall, damit man es in seiner Gewalt habe, die Säue nur dergestalt von ihm bespringen zu lassen, daß sie ihre Ferkel zu einer paßlichen Zeit bringen. Man läßt ihn springen, sobald er dazu groß genug und tauglich ist, und hält ihn daher als Ferkel, um es möglich schnell zu werden, vorzüglich gut. Aelter als zwei Jahre läßt man einen Eber nicht gern werden, sondern ersetzt seine Stelle durch einen jüngern, kastrirt ihn, und mästet ihn dann. Der Speck von ihm, obgleich zuweilen etwas wohlfeiler, läuft alsdann noch mit durch; von alten Ebern ist er oft nicht gut anzubringen, und nicht ohne sehr bedeutenden Unterschied im Preise. In Absicht der Veredelung in und durch sich selbst ist es zwar nicht zu empfehlen, den Eber so früh zur Begattung zu lassen; allein die eben gedachte Ursache bestimmt dazu.

Die Säue läßt man dergestalt belegen, daß sie zwei Mal im Jahre Ferkel bringen, Ende des Januars und um Michaelis aus. Die Ferkel des ersten Wurfs können, weil die Kühe dann schon mit dem Kalben beginnen, gleich gehörig genährt werden, und man nimmt von ihnen diejenigen, welche man im folgenden Jahre mästen will, und verkauft nur den Ueberfluß. Der zweite Wurf kommt dann zu einer Zeit, wo er noch die Stoppel mit belaufen kann, und man veräußert diese Ferkel vor eintretendem Winter um jeden Preis an kleine Leute, oder mästet sie auch mit Buttermilch, und schlachtet sie dann zu Sülz oder Sauer für den eigenen Haushalt, oder verkauft sie auch dazu an Liebhaber, gewöhnlich in den Städten, um nicht zu viele Schweine in den Winter zu bekommen.

Gut ist es, wenn man die Zeit, wo die Sau trächtig geworden ist, genau bemerkt, um gegen die Zeit, wo sie ferkeln will, die nöthigen Vorkehrungen treffen zu können. Sie bekommt dann ihren Stall für sich; solcher muß reinlich und trocken und mit kurzem Stroh mäßig ausgestreut seyn. In einer zu starken Streu von langem Stroh verlieren sich die Ferkel leicht, und laufen Gefahr, von der Mutter erdrückt zu werden. Ueberhaupt ist, wenn eine Sau ferkeln will, große Achtsamkeit auf das Thier nöthig, wenn alle Ferkel, die sie gebiert, glücklich und gut zu Gange kommen sollen. Zuweilen ist es nothwendig, die Ferkel, so wie sie zur Welt gelangen, einzeln so lange wegzunehmen, bis keine mehr erscheinen, dann, wenn die Sau sich niedergelegt hat, sie zum Säugen dergestalt anzulegen, daß jedes Ferkel seine Zitze bekommt.

Während ihrer Trächtigkeit muß die Sau zwar gut, doch nicht übermäßig genährt werden; wenn sie aber die Ferkel zur Welt gebracht hat, so gut wie möglich. Damit die gebährende Sau um so weniger Veranlassung findet, ihre eigenen Jungen aufzufressen, muß die Nachgeburt, so wie sie erschienen ist, sogleich entfernt werden. Vier Wochen wenigstens läßt man die Ferkel saugen, ehe man sie entwöhnt, und in dieser Zeit die vom männlichen Geschlecht verschneiden, die weiblichen aber sobald nur ein Schweineschneider zu haben ist, mit Ausnahme derjenigen, welche man zu Zuchtsäuen bestimmt. Die Ferkel männlichen Geschlechts verschneidet gewöhnlich in unsern Meiereien der Meierei-Haushalter, oder der Böttcher und Meiereiknecht.

Nachdem die Ferkel von der Sau genommen sind, giebt man ihnen Buttermilch zu saufen, und einige Zeit in einem besonderen Troge etwas ganz trockene Gerste zum Naschen, damit sie sich an solcher die kleinen schwarzen Zähne, welche sie gewöhnlich haben, und die man bekanntlich Hungerzähne nennt, ausbeißen. Sie müssen übrigens reinlich gehalten und gut gestreut werden; denn gehört gleich das Schwein zu den unreinlichsten Thieren: so ist doch Reinigung der Haut ihnen zu ihrem Gedeihen eben so nothwendig, wie allem andern Viehe. Bekommen daher die Ferkel eine schmutzige Haut, oder gar eine Borke auf derselben: so ist es nothwendig, sie mit einer scharfen Lauge und vermittelst eines Strohwisches durch wiederholter Waschung davon zu befreien. Die Faselschweine, und bei guter Witterung auch die Säue, welche schon etwas herangewachsene Ferkel haben, so wie die von den Säuen entwöhnten Ferkel laßt man Vor- und Nachmittags auf den Regelstellen, in den Wegen, auf der Braache ꝛc. hüten. Morgens, Mittags und Abends werden sie dann mit Buttermilch und Waddick getränkt.

Weil im Vorwinter keine Käse in unsern Holländereien gemacht werden, und die Milch dann selbst in großen Meiereien knapp zu seyn pflegt, die Kornfutterung aber meistens zu kostbar wird: so sucht man die Schweine, welche man in den Winter genommen hat, mit gebrühtem Kaff, dem bei strenger Kälte und wenn für die Schweine ausser dem Stalle nichts zu erhaschen ist, einiges geschrotenes Hinter- oder Abfallkorn zugesetzt wird, durch denselben zu bringen. — Das Brühen dieses Kaffs geschieht folgendergestalt: Man nimmt mehrere große Kuben, schüttet die Spreu darein, und drückt sie, eine Hand hoch, fest zusammen, streut dann von dem geschrotenen Korn darüber her, bringt nun wieder eine Hand hoch Kaff darauf, streut abermals Schrot überher, und so fortan, bis das Gefäß reichlich halb gefüllt ist, und gießt dann kochend heißes Wasser darüber her, läßt es damit stehen und säuern. Hiemit, indem das, was an Küchentrank, Milch ꝛc. vorhanden, hinzugefügt wird, futtert man die Schweine drei Mal des Tages, und kann sie, wenn es hinreichend und gehörig geschieht, recht gut bis zu der Zeit durchbringen, wo Waddick und Milch zu ihrer Nahrung wieder genügend vorhanden sind.

Die Spreu der verschiedenen Getreidearten steht zur

Brühfutterung dem Abfalle von Leinsaamenknoten noch nach, welchen man hier vorzüglich gern benutzt.

Man zieht gewöhnlich in den Meiereien die Schweine nur für den eignen Bedarf auf. Weil man aber in Hinsicht dieser Aufzucht seine Maaßregeln so nimmt, daß man auch im unglücklichsten Falle hinreichend von diesen Thieren hat: so sind mehrentheils einige zum Verkauf übrig. Von den Zuchtsäuen läßt man jährlich einige der ältesten schneiden, legt sie dann auf den Koben, mastet sie mit Milch und Waddick, und ersetzt ihre Stelle durch junge. Diese alten Säue werden dann oft sehr fett und von ansehnlicher Schwere, so daß sie zuweilen an 400 Pfund und drüber wägen. Man macht es sich aber auch in Schleswig und Holstein zur Regel, die mit Milch ausgemästeten Schweine auch völlig damit auszumästen, weil sie bei jedem andern Futter darnach abfallen.

Kälber, zum Verkauf an die Schlächter zu mästen, geschieht insgemein nur von den kleineren Landwirthen; auf den Höfen werden die nüchternen Kälber gemeiniglich in der Haushaltung verbraucht, und die Felle derselben seiner Zeit an die Gerber und Fellhändler der Städte verkauft.

Die bis dahin beschriebene Benutzung des Viehstapels, vermöge Anwendung der Milch zur Butterfabrikation, Bereitung von Käsen, Schweine-Zucht ꝛc. ist, wie schon früher erwähnt ward, auf den schleswig-holsteinischen Gütern nicht selten verpachtet, und es ist uns jetzt noch übrig, dieser Einrichtung mit einigen Worten Erwähnung zu thun.

Unsere größten Oekonomen haben, wie bekannt, einstimmig ihr Urtheil dahin gegeben: daß es selten, fast nie vortheilhaft für den Landwirth seyn könne, seine Molkerei in fremde Hände zu geben. Das, was sie zur Begründung ihrer Meinung angeben, nämlich die Darstellung des nachtheiligen getheilten Interesses, welches bei Verpachtung der Holländereien Statt findet, ist so einfach, daß auch der beschränkteste Sinn es leicht begreifen, und es einem in der That Wunder nehmen muß, wie man noch immer trotz dieser gewichtigen Gegenvorstellungen, bei der alten, vom Vater und Großvater befolgten Methode bleibt. Freilich führt der größere schleswig-holsteinische Landwirth zur Vertheidigung seines Verfahrens an: Welche unsägliche Mühe und Beschwerde, welcher nicht zu berechnende Aerger und Verdruß würde mir bei meiner ohnehin weitläuftigen und schwer zu übersehenden Wirthschaft werden, wenn ich oben im Kaufe noch Director des Molkenwesens seyn sollte. Um mir jene zu ersparen, will ich gern einen kleinen Geldverlust leiden und verschmerzen, denn im Grunde bleibt ein friedliches und heiteres Leben doch immer die Hauptsache auf dieser Welt. Allein hier frage ich: Sind manche der bei der eigenen Direction des Molkenwesens befürchteten Beschwerden und Aergernisse nicht auch eingebildete, oder leicht zu hebende? Beruht im Grunde nicht das Meiste, ja beinahe Alles auf der Persönlichkeit des Meierei-Wirthschafters? Sollte mir das, was mir im Kleinen zu überwinden leicht wird, nicht auch im Großen zu besiegen glücken? Werden mir denn bei der Verpachtung meines Kuhstapels alle Verdrießlichkeiten erspart? Kann ich nicht vielmehr auch hier, wenn ich mit einem ränkesüchtigen Pächter zu thun bekomme, eben so gut in unendliche Streitigkeiten verfallen?

Beantwortet man sich diese Fragen mit unbefangenem und unpartheiischem Gemüthe: so wird man sich gewiß gestehen müssen, daß Thaer's, Schmalz's und mehrerer

Anderer Urtheil über die Verpachtung der Molkerei gegründet, und daß die Abneigung, welche die Administratoren unserer größeren Güter gegen die eigene Bewirthschaftung der Meierei hegen, um so weniger zu rechtfertigen ist, je mehr sie Ursache haben, jeden Heller und Pfennig, bevor sie ihn verausgaben, auf die Waagschale zu legen. Wie dieses nun aber in jetziger Zeit mehr oder weniger an allen Orten nothwendig wird: darüber brauche ich mich wohl nicht erst in einer Schrift, deren Lesepublikum aus Landwirthen besteht, weitläuftig auszulassen.

Man hat zwar auf einigen Gütern in neuerer Zeit Versuche gemacht, das getheilte Interesse des Verpächters und Pächters auszugleichen, indeß, so wie man hört, sind solche von geringem Erfolge gewesen. An mehreren Orten unternahm der Verpächter genaue Berechnungen, wie hoch ihm seine Leistungen an den Holländer zu stehen kämen, was er dafür zum Ersatz, und zur Erübrigung, um billigen Gewinn zu haben, an Pachtgeld haben müsse. Der Molkereipächter brachte dagegen seiner Seits in Anschlag: welchen Ertrag an Butter, Käse rc. er von dem ihm verheuerten Stapel erwarten dürfe; was dagegen seine Haushaltung ihm kosten, er an Lohn rc. verausgaben, und ihm selbst billigerweise übrig bleiben müsse *). Dabei ward denn auch der Wechsel der Butterpreise in Anschlag gebracht, damit das Pachtgeld darnach berechnet, und beide Theile der höhere wie der niedere Preis treffe. — Auf anderen Stellen hat man wiederum einen von dem ebenerwähnten ganz verschiedenen Versuch, das gegenseitige Interesse zu vereinigen, gemacht: Der Verpächter ließ

*) Johann Balthasar Danzmann, Verfasser des ersten „Berichts von den Holländereien in Schleswig und Holstein (Glückstadt 1755)" macht über die Einnahme und Aus-

nämlich dem Holländer alle Milch nach Kannenzahl zu bestimmten Preisen zumessen. Dieses war denn eine offenbar gar unglückliche Idee! Wahrscheinlich ist sie zuerst aus dem Kopfe eines Theoretikers hervorgegangen; der Praktiker weiß doch wohl, welch' eine verschiedene Menge Butter die nämliche Quantität Milch, nach Verschiedenheit trockner und nasser Jahre giebt. So hätte ja denn in trocknen Jahren der Holländer überwägenden Vortheil zum Nachtheil des Verpächters. —

Nach diesen verunglückten Versuchen ist denn im Holländereiwesen größtentheils Alles beim Alten geblieben, und man

---

gabe einer Holländerei von 100 Kühen §. 36. f. folgenden ohngefähren Anschlag:

Einnahme:	Rt.	ßl.	Ausgabe:	Rt.
a) für Butter, Käse und Milch pr. pr.	841	32	a) die Pacht für die Kuh pr. pr. zu 6 Thlr. 24 Schill.	650
b) Gewinn wegen der gemästeten Schweine .	40	—	b) des Knechts und der Mägde Lohn und Kostgeld pr. pr.	180
c) für 100 nüchterne Kälber, wiewohl auch einige verworfen werden	33	16	c) wegen des Holländereigeräthes und dessen Conservation für's Jahr pr. pr.	20
d) für freie Wohnung und dgl.	24	—	d) sein und seiner Frauen Lohn und Kostgeld . .	70
e) wegen des zu haltenden Viehes und des von jungen Pferden etwa gemachten Vortheils .	30	—	e) wegen des Unterhalts und Anschaffung der nöthigen zwei Pferde, Wagen, Geschirr u. dgl.	30
	969	—		950

Aus dieser Berechnung kann man ohngefähr sehen, daß ein Holländer, außer seinem und der Seinigen Unterhalt, eben nicht viel profitiren könne, wo die fetten Waaren nicht was gelten: wenigstens hat die schwere hiemit verknüpfte Arbeit, wo sich kein Glücksfall ereignet, damit keine Proportion.

strebt nur dahin, sich im Contrakte gegenseitig so viel möglich zu verwahren.

Auf einem Gute, wo 90 bis 100 Kühe gehalten werden, findet man nicht selten schon die Molkerei verpachtet; in kleineren Wirthschaften darf man es als eine Ausnahme von der Regel betrachten; wenigstens ist es mir, wie Hr. Iversen in seinen „Beiträgen zur Kenntniß der Schleswig-Holsteinischen Landwirthschaft rc.“ sagt, durchaus unbekannt, daß man im südlichen Holstein auf Pachthöfen von 50 bis 60 Kühen sehr häufig Holländer antrifft.

Die Viehstapel werden von unsern Landwirthen nur immer auf Ein Jahr verpachtet. Das Hölzenzeug führt der Pächter in den meisten Fällen mit sich. Nicht meistens, — wie S's schreibt — sondern sehr selten wird ihm jenes nach einer Taxe überlassen.

Der Verpachter bestimmt im Contrakte vor allen andern die Anzahl der von ihm zur Verpachtung überlassenen Kühe, so wie die für diese einzuräumenden Graskoppeln. Er erlaubt seinem Pachter, auf 100 Kühe 5 selbst anzuschaffende Zahl-Kühe u. s. w. zu halten; bemerkt dagegen, für wie viele Haushaltungskühe und Pferde er sich die Weide zu reserviren willens ist. In der Regel verpflichtet der Verpachter sich bloß, den Stapel während des Winters „holländermäßig“ zu futtern. Im Allgemeinen versteht man unter diesem Ausdrucke nur eine solche Ernährung, wobei die Kühe während des ganzen Winters nothdürftig dermaßen im Stande gehalten werden, daß sie zu jeder Zeit von selbst aufstehen können, und nicht gehoben werden dürfen. Uebrigens ist der Begriff, welcher sich von „holländermäßiger Futterung“ machen läßt, doch ohne Zweifel sehr relativ, und kann, wenn man es mit einem Chikaneur zu thun hat, zu mancherlei Mißhelligkeiten Veranlassung geben; so wie ich hier denn überhaupt den Wunsch nicht unterdrücken kann, daß einmal so mannigfaltige, zweideutige und verworrene Ausdrücke unseres Gewerbes, worin nach Belieben dieser oder jener Sinn zu legen ist, verbannt und zur Ergänzung derselben andere, mit denen nur Ein richtiger Begriff zu verbinden wäre, festgesetzt würden *).

An Agrements erhalten unsere Holländer gewöhnlich freie Wohnung und so viel Gartenland, als ihnen zum Anbau des in ihrem Haushalte erforderlichen Gemüses nothwendig ist; Weide und Winterfutter für einige Pferde; eine bestimmte Anzahl Fuder Buschholz, oder sonstiges Feuerungsmaterial; die Erlaubniß, mehrere Tonnen Hafer oder einige Scheffel Lein auf angewiesenen Aeckern auszusäen, und von diesen zu ernten; auch steht es ihnen endlich frei, ihre Laufschweine, wenn sie zum Wühlen untüchtig gemacht worden sind, auf den Braachkoppeln und in den Reddern hüten zu lassen, wogegen sie sich aber meistens verbindlich machen müssen, das zum Buttern erforderliche Pferd selbst zu halten, und einen Kuhhirten zu beköstigen.

Im Fall, daß der Verpachter seinen Holländer nicht recht sicher hält, läßt er ihm gewöhnlich die Hälfte der Pacht-

*) Den Anfang damit zu machen, ist wohl die Sache unserer classischen landwirthschaftlichen Schriftsteller. Diejenigen, welche übrigens über Oeconomie schreiben, dürften sich jene in der Sprachreinigung zum Vorbild nehmen und ihrem Beispiele nachahmen; das gebildete Lesepublikum aber die als zweckmäßig erkannten und in der literarischen Welt in Gebrauch kommenden Wort- 2c. Umbildungen sich für's praktische Leben aneignen, und somit auch allgemach unter die Menge verbreiten.

summe pränumeriren. Der Hapttermin der Zahlung fällt fast allenthalben auf Jacobi, nicht — wie *Iversen* sagt — um Neujahr ein. Hat der Holländer seine Waaren um jene Zeit noch nicht verkauft: so wird die Abtragung der bestimmten Pachtsumme auch wohl bis auf Martini verschoben. Der zweite, kleinere Termin ist meistens zu Neujahr festgesetzt. Die Pränumeration wird dem Holländer erst bei seinem Abzuge vom Verpachter zurückgezahlt.

Die Holländereipacht war hier vor einigen Jahren sehr bedeutend hoch; man zahlte 18 bis 20 Thlr. für die Kuh. In diesem Augenblicke sind kaum 12 Thlr. zu bekommen.

Der Druck der Zeitverhältnisse wird ja auch von den Molkereiwirthschaftern empfunden, wenn gleich die Meiereien es allein sind, welche dem Lande dermalen noch am zuverläßigsten zu einem Activhandel die Waare bieten. Wie ich schon im ersten Abschnitte erwähnte, kann man den Ausfuhrbetrag an Fettwaaren über eine halbe Million schätzen.

Das *Fallen der Preise* während der letzten vier Jahre 1819 bis 1822 zeigt die folgende Angabe:

	Butter die Tonne 224 Pf. netto.	Käse hundert Pf. mit 2 Proc.		Speck Schpf. netto 280 Pf. mit 2 Proc.	
1819.					
August	42 Rt.	2 Rt.	4 Schill.	— Rt.	— Schill.
October	44 =	3 =	— =	23 =	— =
1820.					
Mai	36 =	2 =	4 =	— =	— =
August	37 =	2 =	8 =	18 =	— =
October	36 =	2 =	12 =	— =	— =

	Butter die Tonne 224 Pf. netto	Käse hundert Pf. mit 2 Proc.		Speck Schpf. netto 280 Pf. mit 2 Proc.	
1821.					
Mai	21 Rt.	1 Rt.	— Schill.	— Rt.	— Schill.
August	26 =	1 =	12 =	— =	— =
October	28 =	1 =	10 =	13 =	16 =
1822.					
Mai	21 =	1 =	— =	— =	— =
August	28 =	1 =	— =	— =	— =

Den wirthschaftlichen Werth des Milchviehes in Schleswig und Holstein zu bestimmen, ist eine schwierige Aufgabe. Sie zu lösen bedarf es vergleichender Berechnungen, in verschiedenen Gegenden des Landes mehrere Jahre mit Sorgfalt fortgesetzt, woran unsere vaterländische landwirthschaftliche Literatur leider! bis dahin noch ganz arm ist. Ich kann es mir indeß, bevor wir den hier abgehandelten Gegenstand hinter uns liegen lassen, nicht versagen, dem Leser schließlich einen kleinen Aufsatz, worin ein hiesiger, die Meierei selbst bewirthschaftender, Gutspächter den Rein=Ertrag einer bedeutenden Meierei im Lande, auszumitteln und festzustellen gesucht, und welchen Herr Professor N. uns schon früher bekannt machte, mitzutheilen. Auf jeden Fall giebt er einen kleinen Beitrag zur Beantwortung und Entscheidung der Frage ab.

„Die Frage: was kommt bei unserer Milchwirthschaft heraus?“ — ist wohl nicht leicht zu beantworten, da das Korn im Stroh den Kühen gereicht wird und der Werth des Heues und Strohes, welches nicht anders zu benutzen ist, und des Düngers, welcher nicht zu entbehren ist, schwer sich bestimmen läßt. Auch haben die Preise der Fett=

waaren wegen ihrer großen Verschiedenheit einen zu entscheidenden Einfluß auf den Ertrag.

Hier vom Jahre 1819 bis 20 die kurze Uebersicht der Einnahme und Ausgabe einer Meierei von 200 Kühen:

Einnahme.

an Butter:

	Pf.		Rt.	ßl.
Stallb. v. 1 — 20. Mai . . .	616	zu 7 ßl.	89	40
Vorsom. v. 20. Mai — 1. Aug.	4928			
die Tonne zu 42 Rthlr.			924	—
Nachsom. v. 1. Aug. — 5. Nov.	3355			
die Tonne zu 44 Rthlr.			659	—
an Haushaltungen in Hamburg zu				
verschiedenen Preisen . . .	3432	. . .	779	42
Stallb. v. 5. Nov. — 1. Mai	4004			
die Tonne zu 36 Rthlr.			643	24
in Allem an Butter . . .	16335	—	3096	10

an Käse:	Stück	Pf.		Rt.	ßl.
v. 1. Mai — 1. Jul.	300	5420	zu 1 Rt. 36 ßl.	96	35
im Kleinen verkauft	25	453	—	11	1½
v. 1. Jul. — 1. Nov	592	10713	zu 2 Rt. 40 ßl.	303	25½
Winterkäse . . .	185	3741	—	80	35
	1102	20307	—	492	1
für Kälber und Kalbfelle				81	14½
für gemästete Schweine				371	12
Feste Einnahme der Produkte				4040	37½

baare Ausgaben

in der Haushaltung der Meierei:

an Salz, Essig, sonstigen Haushaltsausgaben, Schechten, Nägeln, Schmidt, Arzneimitteln rc. . . . . 184 Rt. 34 ßl.
an Lohn, Miethgeldern und Geschenken an die das. Dienenden . . . . 353 = 29 =
Zinsen für das Inventarium 700 Rthlr. . 35 = — =
für die Schweine 34 Tonnen Gerste zu 2 Rt. 68 = — =
in der Haushaltung an Korn verbraucht:

Weitzen 5 Ct.	zu 10 Mk.	— ßl.	16 Rt.	32 ßl.
Rocken 18 =	= 7 =	8 =	45 =	— =
Gerste 12 =	= 6 =	— =	34 =	— =

85 = — =

Sämmtl. baare Ausg. der Meierei 726 Rt. 47 ßl.

Mit reinem Ertrag von 200 Kühen 3313 Rt. 38½ ßl.

Ausserordentlich waren diese Kühe nicht gefuttert, sondern nur recht gut holländermäßig.

Im vorigen Winter haben sie mehr Korn bekommen. Ich kann ohngefähr annehmen, daß sie im Winter 1819 — 350 Tonnen Hafer erhalten hatten. Des heißen dürren Sommers halber war das Gras und Wasser nicht reichlich und dem Milch= und Buttertrage nicht günstig; aber die guten Preise ersetzten dies.

Sollte ich nun meinen Anschlag machen, was bei der Milchwirthschaft in den Jahren 1819 bis 20 herausgekommen ist, so müßte ich rechnen:

Einnahme . . . . 3313 Rt. 38½ ßl.

Ausgaben:

350 Tonnen Hafer zu 1½ Rt. 525 Rt.
zwanzig Kühe vertauscht gegen dreijährige Starken zum Einschuß . . . . 200 =

Latus . 525 Rt.

	Transport .	725 Rt.	
Ausgaben:			
zwei Kühe gefallen und Kuharzneien	40 =		
zwei Kuhhirten Kost und Lohn	134 =		
Zäunen und Säubern der Weidekoppeln, Ketten und Kloben rc.	15 =		
Versicherung für Feuer . .	30 =		
		944 Rt.	— Schill.
	bleiben .	2320 Rt.	— Schill.

Stroh und Heu rechne ich für den Dünger.

An Weide hatten die Kühe den ganzen Sommer	260 Tonnen Land.
an Klee, nachdem derselbe einmal gemäht, 80 Tonnen Land den halben Sommer	40 = =
	300 Tonnen Land.

Die Ausweide auf den Wiesen und Kornkoppeln ist nicht mit in Anschlag gebracht.

Dieses Jahr war in Hinsicht der Preise günstig.

Sehr niederschlagend ist das Resultat des vorigen Jahrs, und dieses Jahr, bei den ganz gesunkenen Preisen, wird es so betrübend, daß die holsteinischen Pachter und Gutsbesitzer sich nicht leicht davon wieder erholen können. Gott mag wissen, welche Folgen daraus entstehen sollen. Die täglichen Ausgaben in der Wirthschaft können nicht durch den Ertrag der Produkte bezahlt werden. Die Stoppelbutter ist zu 28 Rthlr. verkauft, die Käse zu 4 Mk., der Speck grün zu 12 Rthlr. für 280 Pfund. Alle Thätigkeit muß erlahmen, alles zu Grunde gehen. Mit Jammer nur kann man an die Zukunft denken; bei unserem Ueberfluß an den schönsten Früchten müssen wir verhungern.

Wenn die Kühe statt der angenommenen 350 Tonnen 700 Tonnen erhalten hätten, was würden die mehr den Kühen gegebenen 350 Tonnen ausgetragen haben? Schwer ist diese Frage zu beantworten. Im Jahre 1820 bis 21 haben die Kühe die 350 Tonnen mehr bekommen. Ich lege meine Berechnung der Produktion des Jahres 1820 bis 1821 vor, woraus Sie Ihre Bemerkungen selbst ziehen mögen. Nur muß berücksichtigt werden, daß

1) der Sommer 1820 in Hinsicht der Weide besser war, als 1819, mithin auch nicht die vermehrte Produktion den 350 Tonnen Hafer, welche die Kühe mehr erhielten, zuzuschreiben ist:

2) daß ich mehrere Kühe, die einen schlechten Ertrag im vorigen Jahre gegeben, gegen bessere vertauscht, und

3) daß, wenn Kühe erst ein Jahr recht in Kraft sind, dies auf mehrere Jahre nachhaltig wirkt, wenn sie bei Kraft erhalten werden. Wenn die Kühe im guten Zustande im Herbst aufgestallt werden, wirken 100 Tonnen Hafer so viel als 150 Tonnen, wenn sie im Herbst ausgemergelt in den Stall kommen, wie dies der Fall war bei Kühen, die den vorhergehenden Winter nur wenig Korn erhalten hatten, da die im Winter 1819 verfutterten 350 Tonnen Hafer doch mehr als gewöhnlich holländermäßig waren.

Einnahme der Meierei von 200 Kühen im Jahre 1820 bis 1821:

an Butter	Pf.		Rt.	ßl.
Vorsom. 49 halbe Ton.	6418	netto zu 37 Rt.	1060	6
Stoppelb. 42 = =	5576	= = 36 = .	896	7

	Pf.		Rt.	ßl.
Transport .	11994		1956	13
an Haushaltungen bei Kleinigkeiten verkauft	2954	zu versch. Preisen	517	42
Winterb. 36 halbe Ton.	4765	= = .	466	34
	19713 netto		2940	41
An Käse:				
1193 Stück, 22277 Pfund, verkauft für . .			465	17
für nüchterne Kälber und Kalbsfelle . .			93	37½
für gemästete Schweine			229	17
			3729	16½
Die Ausgaben waren ohngefähr gleich an .			729	16½
			3000	—

Durch verbesserten Viehstapel, mehr Kornfutter, bessere Weide war die Production um 3378 Pfund Butter vermehrt, und doch durch die niedrigen Preise 300 Thlr. weniger Geldeinnahme. Was wird bei den so niedrigen Preisen dieses Jahres die Einnahme seyn? rc. rc.

* * *

II. Mastung des Rindviehes.

Die Aufzucht des Mastviehes macht man sich zum größten Theile in Jütland und in unsern Marschen zum Geschäfte. Im ersteren Lande achtet der Viehzüchter ganz besonders auf die Vervollkommnung der Raçe. Das Hauptmittel, welches er zu dieser anwendet, besteht in der Anzucht und nachherigen Zulassung möglichst schön gebaueter, gerade gerückter Springbullen. Das jütische Vieh zeichnet sich solchergestalt durch gerade, kurze, unten dünne Beine, tonnenförmige Karkassen, breite Kreuze, lange wohlbehaarte Schwänze, feine, mit langen, sanft vorwärts gerichteten Hörnern versehene Köpfe und fromme Augen aus. — Bei weitem größer ist die zweite

sogenannte

sogenannte Marschrace. Zartheit und Saftigkeit des Fleisches, welche dem jütischen Vieh ganz besonders eigen ist, gehen indessen jener bedeutend ab. — Im vierjährigen Alter werden beide Racen gewöhnlich erst an die Viehmäster verkauft. Früher kauft der einsichtsvolle Mäster das zur Mast bestimmte Vieh nicht gern, weil sonst die Mastung bei dem großen Theile Nahrungssaftes, welchen die Kreaturen dann noch zu ihrem Wachsthum verwenden, sehr langsam von Statten geht, auch das Fleisch weniger Konsistenz erhält. — Der hauptsächlichste Marktplatz von dem zur Mastung bestimmten Rindviehe ist in dem im Schleswigschen gelegenen Städtchen Husum.

Wir unterscheiden im Schleswig-Holsteinischen, mit Berücksichtigung des bei der Mast benutzten Futterungsmaterials, die Weide- und Stallmast.

Jene wird mit großem Vortheile in den Marschen der Herzogthümer betrieben. Die Marschweiden zeichnen sich durch die vorzüglich kräftige Nahrung, welche sie dem Viehe darbieten, und welche immer mehr an Güte zunimmt, je länger jene liegen bleiben, auf eine sehr originelle Weise aus. Unser Marschbauer weidet und mäht sein Grasland abwechselnd. Er macht es also nicht wie mancher englische Farmer, der sein ganzes Weiderevier mit einem Male überlaufen läßt; giebt vielmehr dem Mastviehe im Frühjahre ein abgesondertes Stück, nimmt von einem andern zuvörderst eine Heuernte, jagt sodann seine Ochsen auf diese, und schont die abgemähte Fenne zur Mahd wieder. Auf 300 sechszehnfüßigen Quadrat-Ruthen Weideland kann in den Marschen ein jütischer Ochse hinreichend gemästet werden, wohingegen ein großer Marschochse zur vollkommenen Mästung einen völligen Morgen à 450 Q.-Ruthen gebraucht. Jener wird nicht selten zu

800 Pfund Fleisch und 150 Pfund Talg eingeschlachtet, dieser bekommt aber wohl ein Fleischgewicht von 1000 Pfund.

Unsere einsichtsvollen Viehmäster suchen die Disteln auf den Weidekoppeln möglichst zu verbannen, indem diese schädlichen Unkräuter das Abfressen des zwischen ihnen aufwachsenden Grases sehr oft verhindern; sie suchen ferner dem Weideviehe die möglichste Ruhe zukommen zu lassen, sorgen für gute Tränkstellen oder gehörige Tränkung, und errichten endlich auf den Fennen Pfähle, woran das Vieh sich reiben kann.

Auf den Geestweiden wird in den Herzogthümern nur sehr selten Vieh im Großen fett gegräset. Ehemals geschah es, als Ausnahme von der Regel, während mehrerer Jahre, auf dem in Holstein gelegenen Gute Futterkamp. Nun in der Administration dieser Wirthschaft eine Veränderung vor sich gegangen ist, hat auch die vormals so berühmte Viehmastung dort wiederum ein Ende genommen *). —

Die Stallmastung wird hier zum größten Theile nur von den Branntweinbrennern mit dem in ihrer Wirthschaft abfallenden Spühlig betrieben; denn obgleich es erwiesen ist, daß ein Ochse sich mit Grünfutter, z. B. Klee, Luzerne u. s. w. sehr fett fressen kann: halten unsere einsichtsvollern Viehmäster die Stallmast mit diesem Futterungsmaterial doch in keinem Betrachte für wirthschaftlich.

---

*) Vermöge der Mastung von Ochsen, welche eine öftere und stärkere Düngung des Landes möglich machte, brachte der, durch den energischen Betrieb seiner eigenthümlichen Wirthschaftsweise bekannte Pachter Futterkamps es dahin, daß der Viehstand in den zwölf Jahren von 1795 bis 1806 von dreihundert und siebzig oder achtzig zu sechshundert Kühen und Ochsen, außer zweihundert Schaafen und einem Weidegelde von 800 bis 900 Thalern wuchs.

Unsere größeren Brenner reisen zwei Mal im Jahre nach den vornehmsten Viehmärkten, und holen sich von dorther ihre zur Mästung benöthigten Thiere. Von der meisterhaften Auswahl derselben hängt allerdings sehr viel der aus der Mastung zu ziehende Rein-Ertrag ab. Erfahrung ist auch hierin die beste Lehrerin. Unsere geschickten Mäster leitet zum größten Theile ein gewisses Augenmaaß und Gefühl in der Hand beim Ankauf, welches sich hier nicht gut beschreiben läßt.

Die Branntweinbrenner in den kleineren Städten Schleswig-Holsteins versorgen sich gewöhnlich bei den ihnen zunächst wohnenden Landwirthen mit ihrem nöthigen Bedarfe. Sie erhandeln meistentheils von diesen fähre Kühe und solche, welche verworfen haben, geschnittene Springbullen ꝛc. zu der von ihnen betriebenen Stallmastung.

Der Spühlig wird hier an den meisten Orten mit Häckfel gegeben, und nebenbei Heu gefuttert. Viele halten dafür, daß jener um so vortheilhafter mäste, je wärmer er dem Vieh gereicht würde. Die Zeitdauer der Mästung beläuft sich gewöhnlich auf 4 bis 6 Monate. Eine Creatur ist natürlicher Weise um so eher zum Verkaufe an die Schlächter geschickt, je besser sie auf dem Stalle gekommen, und je eifriger ihre Mastung betrieben wird. Einzelne mischen unter den Branntweinschlamm reichlich Getreideschroot, und befördern dadurch den so nothwendigen und vortheilhaften Umsatz.

Unsere Mäster wenden zum größten Theile eine große Aufmerksamkeit auf die genaue und regelmäßige Futterung des Viehes, so wie auf die gehörige Einrichtung ihrer Ställe. Sie suchen in der Regel eine gleichmäßige Wärme in diesen zu erhalten, und schneiden das Licht, welches dem Mastvieh in keinem Betrachte zusagend ist, möglichst ab. Uebrigens bleibt in Hinsicht der Reinhaltung der Thiere noch an manchen Stellen vieles zu wünschen übrig. Man scheint z. B. noch nicht allenthalben einzusehen, wie sehr das Striegeln, Kardätschen rc. die Mastung befördert, wenn man auch, des augenscheinlichen Mistgewinnes halber, an Einstreuung selten spart *).

In früheren Zeiten, als der Betrieb der Branntweinbrennerei auf mehreren Gütern Schleswig-Holsteins lebhaft geführt ward, lösten auch verschiedene unserer Landwirthe manchen schönen Schilling aus gemästetem Viehe. Dermalen hat dies fast gänzlich aufgehört; denn an die in manchen Gegenden vortheilhaft betriebene Stallmastung des Rindviehes mit Wurzelgewächsen, Getreide rc. denkt hier Niemand. Höchstens macht dieser oder jener alljährlich einige ausgemerzte Kühe mit Kartoffeln, Hafergarben-Häcksel rc. zur Haushaltung fett. Als Ausnahme von der Regel sind auch hier die erwähnten Viehmastungen auf Futterkamp und Treuburg, welche gleichfalls während des Winters auf dem Stalle betrieben wurden, anzusehen gewesen.

---

*) Leuch, in seiner vortrefflichen, nicht genug zu empfehlenden, Anleitung zur Mästung der Thiere, sagt:
Reinlichkeit des Leibes, des Lagers, der Nahrung und der Luft befördert das Wohlseyn des Thieres, das Gedeihen der Nahrung und den Ansatz des Fettes auf eine erstaunliche Art. Unreinlichkeit bewirkt bei Menschen und Thieren Auszehrung, Abmagerung (Dörrsucht bei Kindern rc.) und viele andere Zufälle. Man vergesse daher nie den Grundsatz:
„Reinlichkeit ist die halbe Futterung,"
wasche die Thiere häufig, und mitunter auch mit warmem Wasser, reibe sie gelinde, sorge für gutes, trockenes und hinlängliches Unterstreuen u. s. w.

Schaafzucht.

Während in den meisten Ländern Europas das Schaaf von den Oekonomen vor allen Hausthieren ausnehmend geschätzt, und die Schaafzüchterei zu einem Hauptzweige der Landwirthschaft gemacht wird, sehen wir jenes Thier in Schleswig und Holstein fast allgemein dem Rindviehe hintenangesetzt, und den Ackerbau seine Haupteinnahme aus der Molkerei ziehen. Wenn angenommen worden, daß die Ernährung von zehn Schaafen der Ernährung einer Kuh gleich komme: so können unsere Landleute sich, bei den hier obwaltenden Lokalitäten, noch immer nicht davon überzeugen, daß der Nutzungsertrag jener den von dieser übertreffe, oder nur gleich komme, so lockende Berechnungen und Anpreisungen der Schaafzüchterei auch in der Fremde Statt finden, und so sehr der größte Theil der jetzigen landwirthschaftlichen Schriftsteller unsere Abneigung gegen die Schäfereien als ein bloßes Vorurtheil zu beseitigen sucht. Es würde uns hier, wo wir es nur mit der Beschreibung des dermalen im Lande Bestehenden zu thun haben, zu weit führen, wenn wir uns darauf einlassen wollten, zu erörtern, in wiefern die wenige Beachtung der Schaafzucht in unsern Landen zu rechtfertigen sei, oder nicht! nur dies können wir nicht umhin zu gestehen, daß, nach unserm schlichten Dafürhalten, des Schleswig-Holsteiners mangelhafte Einsichten von der gehörigen Veredelung der Schäfereien sehr große Schuld an dem schlechten Rufe, worin das Schaaf in der hiesigen Gegend stehet, trägt.

Wird der Ertrag einer schlechten Schäferei gegen den Gewinn einer in jeder Hinsicht vervollkommneten Meierei (wie es hier wohl von manchem Widersacher der Schaafzüchterei geschehen) aufs Papier gestellt: so dürfte es wohl keinem, selbst dem Laien, nicht Wunder nehmen, wenn die Berechnung zu Gunsten der Holländerei ausfällt!! — —

Am bemerkenswerthesten ist die Eiderstädtische Schaafzucht. Die Schaafe der Landschaft Eiderstädt sind auch im Auslande wegen der eigenthümlichen Güte ihrer Wolle, und der mannigfaltigen Nebennutzungen, die sie gewähren, überall geschätzt. Man findet sie mehrentheils von einer ausnehmenden Größe und von schweren Knochen. Sie haben einen kahlen Kopf, lange steife Ohren, und einen langen, mit rauhen Haaren bewachsenen, unten spitz zulaufenden Schwanz. Die Wolle wird von den Wollkämmern vorzugsweise gesucht, indem sie mit einer seltenen Länge ausnehmende Feinheit, Weiße und Weichheit, so wie einen besonderen Glanz verbindet; selbst bei den schwarzen Schaafen fällt die Wolle nicht so sehr ins röthliche, als bei andern einländischen.

Es giebt eigentlich drei ganz verschiedene Arten im Bezirke der Landschaft. Die erste, ein reiner eiderstädtischer Stamm, ist am seltensten. Sie ist kleiner, als die friesische, dithmarsische, wilster und kremper Marschraçe, gewöhnlich nur 28 bis 30 Zoll hoch, und 43 bis 45 lang. Nur in einigen Gegenden, namentlich bei Hoyersworth, Oldensworth, Kozenbull trifft man sie noch unverdorben an. Ihre Wolle soll selbst vor der englischen und spanischen Vorzüge haben. Eine zweite Art ist eine Mischung aus dithmarsischer und friesischer, und die dritte, welche sich besonders bei St. Peter und Ording aufhält, sind eine Art Heideschnucken mit längerer, weißerer, nicht so krauser Wolle, als jene haben.

Man weidet die Schaafe im Eiderstädtischen entweder in den mit Gräben eingeschlossenen Fennen, oder am Außendeiche und auf dem Vorlande. Aermere Leute, die kein Grasland haben, hüten sie an den Landwegen. Das kurze, täglich vom salzigen Wasser bespühlte Gras auf dem Oever fressen die dort weidenden Schaafe am liebsten. Solches ist, da diese Thiere ihrer Natur nach gern Salz lecken, leicht zu erklären. Die Wehlen, Graben und Teiche hinter dem Deiche dienen ihnen zu Tränken. — Die alten Schaafe treibt man nur bei heftigem Sturmwetter und starker Kälte ein, und füttert sie mit Heu; in der übrigen Zeit läßt man sie zu jeder Jahreszeit auf dem Felde liegen.

Schaafe in Horden zu treiben ist nur bei dem ärmeren Theil der Einwohner, welche den Dünger in länglichen Soden zur Feuerung benutzen, gebräuchlich. Der hohen Fluthen wegen können auf dem Vorlande gar keine Horden Statt finden.

Die Lämmer fallen meistens zum Anfange des Aprilmonats. Wenn dann noch große Kälte einfällt, holt man die Schaafe mit den Lämmern ein, und futtert sie mit gutem Heu. Die Mütter behalten ihre Neugebornen sechs Wochen bei sich; gebricht es ihnen in dieser Zeit an Milch, so giebt man diesen Kuhmilch, so wie sie eben gemolken ist, zu. Nach ihrer Entwöhnung, wobei sie junges Gras oder ein Kraut, welches in der Landessprache Heerfe genannt wird, erhalten, pflegt man sie gleich wie die größeren Thiere zu füttern, auch wohl in Fennen, die mit Feldbohnen besäet sind, wenn die Bohnen eben hervorkommen, zu treiben, welches theils des jungen Grases wegen, theils aber auch, um die Bohnen vom Unkraute zu reinigen, geschieht.

Sobald die Lämmer von den Müttern genommen sind, werden die Schaafe, täglich zwei Mal bis in den Herbst, gemolken. Aus der Milch bereitet man Butter und Käse. Letztere sind vorzüglich wohlschmeckend und beliebt.

Die Lämmer bestimmt man theils zur Zuzucht, theils aber werden sie fett gegräset. Von den feisten Hammeln verbraucht man viele im Lande selbst; die größte Menge aber geht in sogenannten Triften oder Heerden nach Hamburg und Lübeck. Der Verkauf nach Hamburg geschieht am häufigsten im Anfange des Maimonats. Zur selbigen Zeit nimmt auch die Schur der alten Schaafe ihren Anfang, und dauert bis zu Ende selbigen Mondes. Bei warmem Wetter werden die Schaafe zweimal vor der Schur, das erste Mal 14 Tage, das letzte Mal ein oder zwei Tage vorher gewaschen. In den ersten Tagen des Junius kommen schon Kaufleute von Hamburg, Altona und Lübeck häufig an, um die Wolle aufzukaufen. Sie wird das Pfund zu 12, 14, 16 bis 20 Schillinge verhandelt. — Ein nicht minder einträglicher Handel wird mit den abgeschornen Fellen der im Lande geschlachteten Hammel und Schaafe getrieben. Ihrer vorzüglichen innern Güte wegen werden sie sowohl von einländischen als von auswärtigen Weißgerbern stark gesucht. Hausirende Juden kaufen die Felle von den fetten und Milchlämmern häufig stückweise zu 2 bis 3 Schillinge auf, und schicken sie nach Hamburg.

Die Schaafe sind auch in Eiderstädt mancherlei Krankheiten unterworfen. In nassen Frühjahren schwellen ihnen häufig die Köpfe; Umschläge von Theer sind dagegen das bewährteste Mittel. Sie vor der Räude oder den sogenannten Schorf im Frühjahr und Sommer zu verwahren, werden sie nach Weihnachten mit Rattenkraut, Tobaksstengel und Seife, welches Medicament eine Stunde lang kochen muß, gewaschen. Zur Heilung der Krankheit braucht man Arsenikwasser. — Wenn den Schaafen im Sommer das Blut nach dem Kopfe steigt, oder sie, wie man in Eiderstädt spricht, im Blute sind, schneidet der Hirte sie in die Ohren oder in den Hintern, um ihnen auf diese Weise Luft zu verschaffen. —

An eine Veredelung der Eiderstädtischen Schaafe wird nur sehr einzeln gedacht, troß dem, daß Erfahrung lehrte, die Kreuzung derselben mit spanischen Böcken gewähre schon in der zweiten Generation die größten Vortheile.

Ein zweiter Hauptstamm ist die in den Tonderschen Marschen gewöhnliche Raçe. Die dortigen Schaafe sind friesischen Stammes, groß und langgestreckt mit dickem Kopfe, etwas krummgebogener Nase; Stirn und Kiefer sind gewöhnlich mit Wolle bewachsen. Auch der Schwanz, die starken Beine und die Schenkel sind wolligt. Der Leib ist mit dichter, fetter, kräuser, 4—5 Zoll langer Wolle bewachsen. Sowohl im Bau als auch in der Wolle haben diese Schaafe mit den englischen in Leicestershire große Aehnlichkeiten. In der Gegend von Niebüll, Dagebüll und Christianalbrechtskoeg ist die Raçe am besten. In der Widnigharde ist die friesische mit dithmarsischer vermischt, und auf Gamsbüll sind sie ganz ausgeartet. —

Die Fennenschaafe grasen nicht nur im Sommer auf den Fennen, sondern müssen auch im Winter ihr Futter hier suchen, bis sie wegen Eis und Schnee nichts mehr finden können, und man sie dann unter freiem Himmel mit Heu oder Stroh futtert. Die Deichschaafe grasen nur immer während des Sommers auf den Deichen, wo sie eine magere und schlechte Weide haben; des Abends treibt man sie zur Sammlung des Mistes ein. Winter's werden sie beständig bei Heu und Stroh im Stalle gehalten.

Der Tondersche Landwirth scheert seine Schaafe nur ein Mal, im Mai; die Fennenschaafe geben 5, die Deichschaafe nur 3 Pfund Wolle; die von jenen ist theurer als von diesen.

Jene lammen später als diese. Man milcht die Schaafe während des ganzen Sommers, und rechnet auf jedes Schaaf $\frac{1}{2}$ Kanne Milch oder $\frac{1}{4}$ Pfund Käse. Der Ertrag eines Schaafes ist jetzt wohl nicht höher als 2 Thlr. anzuschlagen. —

Die Schaafzucht auf der Geest wird fast allgemein sehr nachlässig betrieben. Die Probsteier mögen, unter den Geestbauern, wohl den Schaafen noch die meiste Nutzung abgewinnen, obgleich auch sie dieselben sehr wenig rationell behandeln. Die Fehmeraner fehlen hauptsächlich darin, daß sie den Thieren im Sommer feuchte Weidegründe bestimmen, zur Winterzeit aber mit nichts anderm als Erbsenstroh futtern, und in niedrige, dumpfe Ställe sperren, welches eine höchst verderbliche Schwächung ihrer ganzen körperlichen Beschaffenheit zur Folge hat. — Auf unsern Gütern werden fast allgemein nur einige Schaafe für die Haushaltung gelassen. — Statt daß man in andern Ländern das Schaaf erst, wenn es $1\frac{1}{2}$ oder 2 gar 3 Jahr zurückgelegt hat, zur Begattung zuläßt, wird es hier meistentheils schon in einem Alter von 7 bis 8 Monaten besprungen. Diese frühe Zulassung der Thiere zur Begattung darf ohnstreitig als ein Hauptfehler unserer Schaafzüchterei angesehen werden; denn die Nachkommen einer unausgewachsenen Creatur können gemeiniglich nur eine krüppelichte und ungeschickte Raçe abgeben.

Die Lammzeit fällt hier gewöhnlich im Märzmonat ein. In der Regel bringen unsere Schaafe zwei Lämmer, und es ist sogar nichts seltenes, daß sie drei ans Licht der Welt fördern. An den meisten Stellen saugen die Lämmer so lange, bis der Mutter Brunstzeit wiederum einfällt, indem ja nur in einigen Gegenden, z. B., wie schon früher erwähnt, im Tonderschen, von der Schaafsmilch Gebrauch gemacht wird. Die jungen Lämmer werden, wenn die Witterung es nur irgend erlaubt, bald möglichst mit ihren Müttern auf die Weide gelassen. Wenige Landleute, allenfalls nur der Bauer, welcher ein oder zwei Mutterschaafe besitzt, bekümmern sich um ihre nächtliche Aufstallung, und geben ihnen, so lange diese fortdauert, ein wenig Heu oder feines Haferstroh zum Anbisse.

Die Schaafe müssen auf den hiesigen Gütern gewöhnlich mit der schlechtesten Weide vorlieb nehmen. Daß ihnen die möglichst trockenen Stellen bestimmt werden, daran wird hier mehrentheils nur sehr selten gedacht; eben so wenig findet man sich geneigt, ihnen eine Kleetrift darzubieten. Auch kann, so wie man sich denn nicht scheut, das Schaaf hier stets im stärksten Thaue gehen zu lassen, ein anhaltendes Regenwetter dieses so gering geachtete Hausthier nur auf wenigen Höfen von dem einmal angewiesenen Standquartiere entfernen.

Winterstallfutterung der Schaafe kennt man hier fast gar nicht. So wie man denn auf unsern Gütern wenig daran denkt, ihnen Körner, Wurzelwerk, Eicheln, Mostkastanien oder Laub ꝛc. zukommen zu lassen, wird die erwiesen vortheilhafte Futterung des Salzes gänzlich außer Acht gelassen, und auf ihre gehörige Tränkung nur selten ein aufmerksames Auge gerichtet. Solchergestalt fällt eine Beschreibung schleswig-holsteinischer Schaafställe und deren innere Einrichtung im Allgemeinen hier auch natürlicher Weise weg.

Nur sehr einzeln wird der in unsern Landen reisende landwirthschaftliche Beobachter einige erfreuliche Notizen über die schleswig-holsteinische Schaafzüchterei, insbesondere wie sie auf der Geest betrieben wird, sammeln können. Mir, der ich so ziemlich die beiden Herzogthümer in Kreuz und Quer durchschnitten habe, ist es wenigstens nicht besser gegangen.

Unter den umsichtsvollsten Schaafzüchtern auf der Geest dürfte ich wohl den Herrn R* in R..m..s in Holstein zählen, obgleich die Schäferei dieses in jeder Hinsicht achtungswerthen Landmanns noch keinen bedeutenden Umfang erlangt hat. Herr R* hat bei der Einrichtung seines Schaafstalles viel Nachdenken verwandt. Indem er diesem den so nöthigen Luftzug gab, sorgte er auch insbesondere dafür, daß er möglichsten Raum und gehöriges Licht für das aufzustallende Vieh erhielt. Sehr industriös und zweckmäßig ist die Einrichtung seiner Schaafrauffen zu nennen. Sie wurden nach Thaer's Vorschrift verfertigt. Die eigentlichen, mit einander verbundenen Rauffen, sind gedoppelt auf ein 14 bis 16 Zoll breites, mit einer Leiste eingefaßtes Brett, das zur Bergung des ausfallenden Heusaamens dienet, gesetzt. Vermöge der, unten einen Fuß, oben ohngefähr zehn Zoll auseinander stehenden Rauffen werden die Schaafe in den Stand gesetzt, das Futter, ohne sich zu verunreinigen, herauszuziehen; auch fressen die Thiere bei dieser Einrichtung einander nicht über den Kopf weg, springen nicht auf die Rauffen rc. Das erwähnte untere Brett der Rauffe kann, im nöthigen Fall, von den Leitern, an welche einige Stricke befestigt sind, wodurch es in die Höhe gewunden wird, befreit werden.

Mastung ist auf den Gütern gar nicht gebräuchlich. — Die Schur wird 2 Mal im Jahre vorgenommen; doch geschieht sie selten so gründlich und vorsichtig, wie es zur Erlangung des möglich höchsten Wollertrages erforderlich wäre.

Die kleine Zahl schleswig-holsteinischer Schaafzüchter, welche Stalldünger von ihren Schaafen gewinnen, rechnen, daß in der Regel 4 bis 5 Stück ein starkes, vierspänniges Fuder geben.

Schweinezucht.

Wir haben diese nur in soweit abzuhandeln, als von derselben nicht schon früher in der Beschreibung unseres Molkenwesens die Rede gewesen ist.

Allerdings ist die Schweinezucht noch immer ein bedeutender Zweig der Schleswig-Holsteinischen Wirthschaft, wenn ihr auch nicht mehr in dem Maaße, wie ehedem, obgelegen wird. Dermalen dienen zur Mastung nur noch die Abfälle in den Molkereien, in den Brau- und Brennereien, Wurzelgewächse, Unkrautsgesäme rc.; die Waldmast, welche vor 200 Jahren zu den so bedeutenden Gutsrevenüen gehörte, daß nach einem ältern Schriftsteller allein auf Alsen im Jahre 1595, 13,600 Schweine in den Wäldern gemästet wurden, kommt in jetziger Zeit gar nicht mehr in Betracht.

Was der Herr Staatsrath Thaer in Betreff des veränderlichen Vortheils bei der Schweinezucht sagt, gilt auch hier; unsere umsichtigern Landwirthe haben auch von jeher vermieden, sie Jahr auf und Jahr ab verhältnißlos zu vermehren oder zu vermindern, und sie, wenn nicht außerordentliche Fälle sie zu einem entgegengesetzten Verfahren berechtigten, vornämlich nur als ein Mittel, die Abfälle in der Wirthschaft auf die zweckmäßigste Weise zu benutzen angesehen, es der Conjunktur überlassend, in wiefern dieses mehr oder weniger fruchtbringend für sie werden möchte.

Obgleich viele Schweine im Lande selbst aufgezogen werden, so ist die Einfuhr davon aus Jütland doch noch immer bedeutend. Nach dem Herrn Professor Begtrup gehen alljährlich allein 12 bis 15000 durch Koldnig, wovon ein großer Theil in den Herzogthümern bleibt. So haben wir hier denn auch zwei herrschende Hauptraçen. Die jütschen

Schweine sind um ein ziemliches Theil kleiner, als die unsrigen, indeß will man allgemein behaupten, daß sie sich leichter mästen lassen, und bedeutend schwerer werden. Man liebt hier übrigens am meisten die kurzbeinigten, langgestreckten Thiere; je gesundere und stärkere Beine sie haben, desto besser hält man es, wie denn Erfahrung ja auch zur Genüge bewiesen hat, daß hiervon so viel für die größere oder geringere Mastfähigkeit abhängt. Ein Schwein, welches sich lahm steht, dem die Beine krumm gewachsen sind, wird wohl nur in seltenen Fällen recht fett werden.

Bei der Zuzucht der Schweine verfahren unsere Landwirthe nicht in allem Betrachte mit derjenigen Umsicht und Sorgfalt, welche zur Erhaltung einer guten Raçe so unumgänglich nothwendig sind. Man fehlt hier hauptsächlich darin, daß man die Säue schon, zum größten Theile, im ersten Jahre belegen läßt. Wenn übrigens Herr Iversen sagt, daß hier eine Zuchtsau selten zwei Mal in einem Jahre werfe: so dürfen wir ihm darin nicht beipflichten; ich könnte ihm sehr viele Beispiele, welche vom Gegentheile zeugen, anführen. Im übrigen sieht man, wie ich dies auch schon früher erwähnt, darauf, daß die Zuchtsäue nicht allein von kurzbeiniger, langgestreckter Art seyen, der Eber keine Fehler habe, die forterben könnten; sondern beide Individuen auch von fruchtbaren Aeltern stammen, welches, nach der Erfahrung, einen großen Einfluß auf ihre Productivität äußert.

Bekanntlich zeigt sich der Geschlechtstrieb bei den Schweinen schon sehr frühe. Die Befriedigung desselben findet hier bei den Säuen, wie gesagt, schon sehr zeitig Statt, d. h. oft im fünften oder sechsten Monate. Allerdings hat, wie der treffliche Schmalz an einer Stelle sagt: die gute Pflege in der Jugend vielen Einfluß auf die Erziehung größerer und schönerer Schweine; aber, daß er meint, das spätere Zulassen wirke so wenig dabei, will mir doch nicht so recht von diesem anerkannt großen Empiriker annehmbar erscheinen. — Auf allen Höfen (seltene Ausnahmen von der Regel finden natürlich auch hier Statt) läßt man die Säue jährlich zweimal, ja auf kleineren Landstellen sogar dreimal ferkeln. Die Zeit des Wurfes wird bedingt von den Verhältnissen der Wirthschaft, und den verschiedenartigen Absichten, welche man bei der Zuzucht hegt.

In der Regel wird der Eber schon sehr frühe zum Sprunge gelassen. Woher das zum größten Theile komme: darüber habe ich mich schon früher ausgelassen. Allein man vernachläßigt den Eber oft auch so sehr in der Futterung, daß er zur Sprungzeit die von ihm geforderten Dienste nicht gehörig leisten kann. Von manchen Höfen aus ist man dann nicht selten genöthigt, meilenweit die Säue zu einem fremden Hauer zu bringen, wofür nicht allein jedesmal das hier gebräuchliche Springgeld von 8 — 12 Schill. Ct. (4 — 6 Ggr.) erlegt werden muß, sondern wodurch man ja auch oft, um seine Säue nur belegt zu bekommen, gezwungen wird, seiner eignen Raçe ihre Aechtheit zu benehmen, und seinen Schweinestamm zu verschänden.

Auf eine zweckmäßig eingerichtete Stallung wendet unser umsichtiger Schweinezüchter sein vorzüglichstes Augenmerk. Kein Thier muß in dieser Hinsicht sorgfältiger behandelt werden, als das Schwein. Man findet auch auf unsern meisten Gütern abgesonderte Ställe für die abgesetzten Ferkel, für die Faselschweine, für die Zuchtsäue und ihre Ferkel, für die Mastschweine, und zuletzt für die Eber. — Ueber die zweckmäßige Anlage unserer Schweinekoben (Mastställe) ist schon früher geredet worden; in Verbindung mit denselben stehen zum größten Theile die Logementer für die übrigen Schweine. Auf den meisten Gütern findet man sonnige und warme, jedoch deshalb nicht dumpfige oder gar schmutzige Schweinehäuser; gewöhnlich sind sie, Behuf des Auslassens der Schweine, mit einem kleinen umzäunten Hofplatze versehen.

Von der Achtsamkeit, welche unsere Landwirthe nicht allein während der Trächtigkeit der Säue und zur Zeit des Gebärens, auf die Futterung und Pflege derselben, sondern auch darauf verwenden, daß die Säue beim Ferkeln allein gelassen, ihnen eine gute, jedoch nicht zu starke Streu gegeben, das Erdrücken der geworfenen Kleinen verhütet, die Nachgeburt entfernt, die Ferkel sorgfältig an die Zitzen gelegt werden, haben wir gleichfalls schon früher geredet. — Gute Säue werfen hier in der Regel 10 bis 12 Ferkel und drüber. Auch unsere Landwirthe haben die Erfahrung gemacht, daß eine Sau, welche zum ersten Male ferkelt, nie so viele Junge zur Welt bringet, als ein zwei und dreijähriges Mutterschwein. Daß man dennoch hier so wenig alte Säue findet, hat seinen Grund in dem einmal auf den meisten hiesigen Höfen bestehenden Mastbetriebe, wobei man seinen Einschuß alljährlich, vermöge der Castration der einjährigen Muttersäue, erhält. — Nach Schmalz *) soll eine Muttersau noch im neunten und zehnten Jahre die gewöhnliche Anzahl schöner Ferkel bringen. Ich habe hierüber keine Erfahrung, weiß aber doch, daß eine siebenjährige Sau noch einen ganz schicklichen Wurf brachte.

Herr Staatsrath Thaer giebt Gerstenschrottrank als Fut=

*) Siehe dessen Erfahrungen im Gebiete der Landwirthschaft; ein ungemein lehrreiches, treffliches Werk, das keinem praktischen Landwirthe fehlen sollte.

Futter gleich nach dem Ferkeln der Säue an. Mehrere erfahrene Schweinezüchter wollen aber bemerkt haben, daß diese Futterung nicht gerade am] räthlichsten] sei, und ziehen es vor, den Müttern gleich nach der Geburt und für die ersten zwei bis drei Tage nach derselben nur Buttermilch zu spenden, welche sie mit Wasser verdünnen, und ein wenig Klei mit einmischen. Nach Verlauf der obigen Frist giebt man den Säue am liebsten in Wasser erweichte Erbsen neben der Buttermilch und Molken, wozu man noch Spreu ꝛc. fügt. An diesem Futter können bald die Jungen, denen wohl auch einige Gerstenkörner zum Naschen dargeboten werden, Theil nehmen. Auch Hafermehl habe ich während der Säugezeit wohl zuweilen mit den Säuen verfuttern sehen; man behauptet, daß die Milchergiebigkeit sich darnach vermehren soll, und dieses ist sehr glaubbar, da uns Erfahrung von dem Einflusse, welchen die Haferfutterung in jener Rücksicht auf anderes Vieh äußert, hinlänglich überzeugt hat.

Obgleich wir hier privilegirte Schweineschneider haben, fallen doch auch beim Schneiden oft sehr verdrießliche Fehler vor. Jedem praktischen Landwirthe ist es daher anzurathen, daß er sich der Castration, bei deren Erlernung es ja nur auf einen Handgriff ankommt, selber annehme. — Trifft es sich, daß ein Ferkel, trotz des Verlustes seiner Geschlechtstheile, dennoch geil bleibt; so kann ich dagegen ein probat befundenes Mittel, nämlich das Bartseifenwasser, welches man, nachdem man es beim Rasiren benutzt, dem Thiere eingiebt, empfehlen.

Die gewöhnlichen Vorsichtsmaßregeln bei der Futterung, vor und gleich nach dem Verschneiden, werden auch hier angewandt.

Nachdem die Ferkel ein Alter von sechs Wochen erreicht haben, nimmt man sie von der Mutter, und sucht diejenigen, welche man nicht zugehen lassen will, zu veräußern. Der Preis der Ferkel steigt hier zu Zeiten sehr hoch; doch fällt es auch im selbigen Verhältnisse wieder, so daß gar kein einigermaßen wahrscheinlicher Erfolg vorauszubestimmen ist, wenn man sich auf die Zuzucht legen will. — Den neuen Anwuchs futtert man gar bald auf gleiche Weise, wie die alten Schweine, d. h. nur zu dreien Malen des Tags. Vom warmen Futter halten unsere Schweinezüchter nichts; Buttermilch scheint ihnen, und nicht mit Unrecht, bei der Schweinefutterung das Non plus ultra. — Wenn die Ferkel in die achte oder neunte Woche gehen, giebt man ihnen gern einen Raum allein, und trifft es sich, daß unter einem Truppe sich ein krüppeligtes Thier findet, das von seinen Cameraden vom Troge abgebissen wird, so sorgt man dafür, dieses abzusondern.

Die Faselschweine treibt man den Sommer über gewöhnlich auf die Braache, in die Redder, und wenn man dergleichen hat, nach Niederungen, wo saures Gras nur wächst, wo Schnecken und Würmer in Menge vorhanden rc. Mittags jagt man sie jedoch, Behufs der Tränkung, auf eine Weile heim, gleich wie sie Morgens und Abends auf gewöhnliche Weise gefuttert werden. Wo man Braachfrüchte baut, und den Schweinen keine Weide einräumen kann, müssen diese bloß mit Waddick und Buttermilch, dem Küchenabfall rc. vorlieb nehmen. Jedoch sucht der umsichtige Schweinezüchter seine Einrichtung noch immer dergestalt zu treffen, daß er die Thiere wenigstens auf dem Hofplatze hüten lassen kann.

Im Winter hilft man sich mit dem Verdünnen der Milch, geschrotenem Hinterkorn, Unkrautsgesäme rc., und sieht sich überhaupt vor, nicht mehr Schweine aufzustallen, als man, ohne gutes Korn verfuttern zu müssen, durchzuwintern vermag.

Auf unsern Gütern werden in der Regel nur immer so viele Faselschweine, als man wiederum nach Leerung des Kobens zur Mastung bedürftig ist, aufgezogen. Mit dem Verkaufe sowohl von Halbwächslingen, als auch ganz ausgewachsenen Schweinen giebt man sich im Durchschnitt wenig ab, trotz dem, daß seit den letzteren Jahren damit noch immer der vortheilhafteste Handel getrieben worden seyn dürfte.

Mastung ist die Hauptsache bei unserer Schweinewirthschaft. Sie wird, wie schon anfänglich erwähnt, auf mehrerlei Art beschafft, und stets um so erfolgreicher, je mehr man dahin sieht, nur völlig ausgewachsene Schweine auf den Koben zu werfen. Von einer Mastung mit Futterkräutern, welche nach Thaer in England sehr gebräuchlich ist, weiß man hier nichts; wohl aber werden die Kartoffeln, und zwar in gekochtem Zustande, angewandt. Von unsern erfahrenern Mästern habe ich die Kartoffeln in großen Kübel mit Buttermilch einrühren und stampfen sehen, auch mischten sie wohl noch etwas Mehl darunter, und ließen dies zusammen säuern, worauf es ein herrliches Mastfutter abgab. — Auf jede zehn Kühe wird gewöhnlich in den Meiereien, ein vollständiges, den Winter über gut gehaltenes Schwein ausgemästet. Das gewöhnliche Gewicht eines gemästeten anderthalbjährigen ist von zweihundert und funfzig bis dreihundert Pfund.

Nach der Milchmast ist die Brauerei- und Branntweinspühligtmast die erheblichste im Lande. Was letztere anbetrifft: so sieht man hauptsächlich dahin, daß neben den Biertrâbern noch kräftigeres Futter verfuttert, der Branntweinspühligt aber dem aufgestallten Viehe verdünnt gegeben, um solches nicht trunken zu machen, auch jener nicht zu warm eingegossen werde, weil das sehr schädlich erachtet worden ist.

Die Getreidemast ist hier gar nicht üblich, und kann, ihrer Kostbarkeit wegen, auch nicht wohl in Aufnahme kommen. Wo man übrigens sich genöthiget sieht, Getreide zu futtern, da wird solches geschroten, und sorgfältig in Wasser eingeweicht, gegeben. Gerste hält man hier unter allen Getreidesorten für das beste Mastfutter, zieht übrigens natürlich Hülsenfrüchte, als Erbsen, Bohnen rc. zu diesem Behufe vor. —

Ein guter Wirth vernachläßigt nicht, auf die Mastung ununterbrochen ein wachsames Auge zu haben, indem die Hirten, welchen gewöhnlich dieses Geschäft anvertraut, hier so leicht etwas versehen können.

Die Portionen werden den Schweinen stets nach Maaßgabe ihres Zunehmens, in Qualität und Quantität bedachtsam zugetheilt; die Tröge läßt man durch vorgeschlagene und eingeschnittene Bretter dergestalt abtheilen, daß jedes Schwein nur eben Spielraum genug für seinen Kopf behält; die Futterung geht beständig zu einer und derselben Zeit vor sich; auf möglichste Reinlichkeit des Lagers wird sorgfältig gehalten, gleichwie man das Schwemmen der Schweine, als umsichtiger Mäster, nicht zu spärlich geschehen läßt.

Die Ausfuhr an Speck ist in den Herzogthümern von ziemlicher Bedeutung. Eine große Menge Schweine werden von den Westindienfahrern hakenrein gekauft. Der gesalzene Speck wird von ihnen als Cargaison nach den westindischen Inseln gebracht.

Federviehzucht.

Aus Federvieh suchen hier vornämlich die in der Nähe von Städten wohnenden kleineren Landbauern Geld zu lösen; auf den Höfen wird in der Regel nur zum eigenen Bedarf gehalten. Den Gänsen ist man hier vorzüglich deswegen gram, weil sie, wenn man sie nicht gerade auf der Braache oder in den Reddern hüten lassen kann, die Weide durch ihren Auswurf, welcher nicht allein dem Viehe das Gras, wohin er fällt, zuwider macht, sondern solches auch versengt, ruiniren. Daher dürfen unsere Hausfrauen denn auch in der Regel nicht mehrere Gänse aufziehen, als sie eben zum Haushalte benöthiget sind. Zur Zucht halten sie sich alte Gänse, indem die jungen bekanntlich selten gut sitzen wollen, auch oft unfruchtbare Eyer legen. Die Gänslinge kommen im März und April aus. Man läßt sie schon den zweiten oder dritten Tag sich von jungem Grase nähren. Ist aber die Witterung schlecht; so futtert man sie im Stalle mit Brodkrumen, oder sticht Grassoden ab, und legt sie ihnen zum Abnagen des jungen Grases vor. Späterhin läßt man sie bis zur Stoppelzeit mit den Müttern auf der für sie eingeräumten Weide gehen, giebt ihnen aber während des ganzen Sommers, wenn sie, wie gewöhnlich der Fall ist, nur auf der Braache gehütet werden, zwei Mal täglich einige Haferkörner. Wenn die Felder abgeerndtet sind, jagt man sie auf die Stoppeln, und erledigt sich vor'm Eintritt der Mastzeit der etwa noch entbehrlichen Gänse. Am gewöhnlichsten mästet man die Gänse mit Hafer, welcher, mit Sand vermischt, in einen Trog geschüttet wird. Von einem gehäuften Scheffel kann eine Gans in ohngefähr 4 Wochen fett werden. Einige hiesige Bauerfrauen halten es damit, die Gänse auf dem Hofplatze zu mästen, d. h. zu dreien Malen des Tages zu futtern, und übrigens frei umhergehen zu lassen. Ich selbst habe erfahren, daß Gänse, welche auf diese Art fett gemacht wurden, bedeutend schwerer, als die auf der Steige gemästeten wogen, und in der Regel ein Gewicht von 15 bis 17 Pfund und darüber erreichten.

Die Gänse werden gewöhnlich in allem nur drei Mal gerupft; sie nehmen allerdings besser zu, wenn das Rupfen vor dem Aufsetzen auf den Maststall unterbleibt; einige thun es aber doch, um mehrere Federn zu gewinnen. Ob einem diese, oder schwerere Gänse lieber sind, muß für die eine, oder die andere Verfahrungsart bestimmen. So federreich, wie die Ostfriesländischen Gänse, welche nach Arends *) auf der dortigen Marsch oft 1½ bis 2 Pfund Federn liefern sollen, sind die unsrigen bei weitem nicht. Durchgehends erhält man hier von drei Gänsen nur 1 Pfund in drei Rupfungen. — Das Gänsefett wird in unsern ländlichen Haushaltungen, um die Butter zu ersparen, auf mancherlei Art benutzt. Man gebraucht davon nicht allein zum Gebäck, sondern giebt es auch den Bauleuten häufig zu ihrem Brodte.

In der Landschaft Stapelholm war, der dortigen vielen Gewässer halber, die Gänsezucht vormals sehr bedeutend; doch hat sie durch die Landauftheilung sehr gelitten. Man kauft im Herbst in Eiderstädt die magern Gänse zu 12 — 16 Schill (6 — 8 Ggr.), und macht sie im Stapelholmschen fett. Während des Sommers werden die Gänse drei- bis viermal gewollet, d. h., es werden ihnen Federn und Duhnen bei lebendigem Leibe ausgerupft, so daß sie fast

*) Fr. Arends Ostfriesland und Jever, 3. Bd. S. 575.

nackt aus der Hand des Rupfers gehen. Jene gehen späterhin von Friedrichsstadt aus nach Hamburg und Holland.

Auch Enten findet man allgemein, und meistens in größerer Anzahl als Gänse vor. Man verfüttert mit ihnen gemeiniglich einen Theil des Hinterkorns und Abfalls aus den Scheunen, und wenn man sie mästet, so läßt man sie nur 9 Tage auf dem Steige, und giebt ihnen in dieser Zeit soviel, wie sie mögen. Unsere Hausfrauen haben bemerkt, daß eine längere Mästung unnütz sei, weil sie doch nicht mehr zunehmen, wohl gar wieder abmagern. — Auf der Insel Fehmern mästet man alljährlich eine bedeutende Anzahl, und es werfen diese einen gar nicht unbedeutenden Rein-Gewinn ab, indem nach gehöriger Abwartung drei derselben eine Kanne Schmalz liefern sollen.

Hühner und Kalekuten sind auch bei den mehrsten Landwirthen, letztere aber in größeren Truppen nur auf den Edelgütern anzutreffen. Bei der Zucht der Truthühner ernten wohl nur wenige Hausfrauen Vortheil, und dieses mag sicher von einer nicht genug naturgemäßen Behandlung derselben herrühren.

Man bedient sich hier der Freiheit, so viele Tauben zu halten, als man Vergnügen findet. Trifft man hier dennoch im Allgemeinen nur einen kleinen Theil dieses Geflügels an, so liegt das darin, daß solches auf den meisten Höfen von mancherlei Raubthieren, als Falken, Marder rc. zu heftig verfolgt wird, um Ueberhand nehmen zu können.

Bienenzucht.

Diese ist in Schleswig und Holstein von sehr geringem Belange, und wird nur an sehr wenigen Stellen zweckgemäß betrieben. Unsere Landwirthe thun gewiß Unrecht daran, daß sie den Gewinn mehreren und besseren Honigs so wenig beachtungswerth halten, da sie doch dadurch manches Pfund Syrup und Zucker, wofür jetzt der baare Schilling aus dem Hause wandert, ersparen könnten. Unsere Gegend ist zur Bienenwirthschaft ganz geeignet; Nahrung aller Art finden die fleißigen Thierchen auf unsern Kleetriften, zahlreichen Winterölsaat-Feldern, Buchweizenäckern ꝛc.

Wo eine Sache mit wenig Lust und Liebe getrieben wird, hat sie auch gewöhnlich keine hohe Stufe der Cultur erreicht. So gehts auch mit der hiesigen Bienenzucht. Man ist hier noch immer bei den gewöhnlichen einfachen Strohkörben geblieben, und hat auch dadurch schon die erste Grundregel bei dem Bienenhalten: dahin zu sehen, daß man recht volkreiche Stöcke erziehe, nicht realisiren können. Obgleich es erwiesen ist, daß die Bienenzucht in Magazinen vom reichhaltigsten Gewinne wird: läßt man sich hier von der Einführung derselben durch das Vorurtheil abschrecken, sie sind zu künstlich, um damit ins Große zu gehen. Selbst Iversen sagt davon: „Mehrere, welche diese Künstelei (?) versuchten, ließen sie wieder eingehen.“ — Dem Schwärmen der Bienen wird oft nicht gehörige Schranke gesetzt. Man scheint nicht zu glauben, daß ein Bienenstamm, der nur einen Schwarm gestoßen, oder nur einen Ableger gegeben hat, in der Regel besser sowohl für dasselbige Jahr, als auch für die Zukunft, und mehr werth ist, als andere Stöcke mit zwei oder drei Schwärmen. Ueberhaupt mangelt es — wie gesagt — an der erforderlichen Sorgfalt und Aufmerksamkeit bei den Bienen.

Siebenter Abschnitt.

G e s p a n n.

Das hauptsächlichste Gespann im Schleswig=Holsteinischen sind Pferde; wegen ihrer Stärke und Schönheit haben sie sich einen Ruf im Auslande erworben.

Eigentliche Anstalten, welche die Aufzucht und Veredelung der Pferde sich zum besonderen Zweck genommen, giebt es in Schleswig und Holstein nur Eine: nämlich die des Herzogs von Oldenburg auf dem zum Gute Mönchsneverstorf gehörigen Meierhofe Bergfeld. — In älteren Zeiten, als bei den Schleswig=Holsteinischen adeligen Gütern die damals noch bestehende Leibeigenschaft, und der damit verbundene Frohndienst es ihnen gestatteten, nur wenige eigentliche Ackerpferde zu halten, wurden auf ihnen alljährlich viele Pferde, zum Theil von vorzüglicher Güte und Schönheit, aufgezogen, wohingegen der leibeigene Bauer sich nur eine kleine unansehnliche, aber dauerhafte Raçe zuzog. Seit der Aufhebung der Leibeigenschaft und Abschaffung des Frohndienstes hat dies sich umgekehrt. Jetzt ist auf den Höfen die Pferdezucht fast ganz aus dem Gebrauch gekommen, und die Mehrheit derselben kauft die zur Wirthschaft erforderlichen Ackerpferde, wohingegen der Bauer nun mehr auf Pferdezucht hält. Zur Emporbringung derselben theilt die Regierung schon seit 1779 alljährlich Prämien für die besten Hengste auf mehreren Märkten der Herzogthümer aus.

Die Pferde, welche jetzt in die Fremde ausgeführt werden, schreiben sich von Bauern her. In Angeln, in der Probstei und umliegenden Gegend, in den Marschen, auf Alsen, im Ahrensböckschen, so wie überhaupt im Amte Ploen, im Amte Kiel werden die mehrsten und schönsten Pferde aufgezogen. Man verfährt dabei sehr einfach und nicht immer so, wie zur Veredelung der Raçe erforderlich wäre. Die aus Jütland, Fühnen und überhaupt dem eigentlichen Dänischen sind, wenn sie erst an die auf Höfen gebräuchliche Futterung und die daselbst für sie sich findende schwere Arbeit gewöhnt sind, sehr brauchbar und dauerhaft, daher sehr gesucht. In Hinsicht der äußern Gestalt zeichnen sie sich durch gerade Köpfe, dicke Kinnbackenknochen und starke Beine, die häufig mit vielen Haaren besetzt sind, aus, und sind überhaupt nicht so hübsch, als zur Arbeit brauchbar und geschickt.

Die Schleswig-Holsteinischen Pferde sind schöner, aber im Ganzen weichlicher, welcher Vorwurf hauptsächlich die Marschpferde, nächst diesen aber die in Angeln aufgezogenen trifft.

In der Zeit vom April bis Johannis läßt der Bauer seine zur Pferdezucht bestimmten Stuten belegen. Die trächtigen Stuten werden mit schwerer Arbeit möglichst verschont, doch schadet es ihnen unter Anwendung gehöriger Vorsicht keinesweges, wenn sie Tag für Tag arbeiten, dafern sie nur nicht über Gebühr angestrengt und gut genährt werden. — Sobald die Stute gefohlt hat, läßt man sie mit dem Füllen eine Zeitlang ungestört im Grase gehen; bedient der Bauer sich aber ihrer ferner- oder weiterhin zu leichtern, keine große Anstrengung erfordernden Arbeiten, so läuft dann das Füllen nebenher, und saugt in den Pausen der Arbeit. Im Herbste, wenn die übrigen Pferde aufgestallt werden, entwöhnt man das Füllen, und wenn die Mutter dann noch Ueberfluß von Milch hat, melkt man sie Anfangs täglich ein wenig aus, und bestreicht die Brust mit etwas Kampferöl. Das Füllen futtert man im ersten Winter mit feingeschnittenem Hafergarben-Häckerling, gutem Heue und vom Staube gereinigten Raff, Abstreichels rc. Einige lassen die Spanfüllen lose in einem besonderen Stalle herumlaufen, striegeln und putzen sie gar nicht, Andere binden sie sogleich in Halfter auf, striegeln und bürsten sie gleich großen Pferden, heben ihnen wechselsweise bald den einen, bald den andern Fuß auf, um sie zur Ruhe beim nachherigen Beschlagen in Zeiten zu gewöhnen, und machen sie überhaupt möglichst kirre. Die letztere Verfahrungsart ist ohnstreitig die bessere, vor allem, wenn die Füllen sehr munteren, feurigen Temperaments sind, weil sie durch solche nun schon frühe an das gewöhnt werden, was ihnen später doch beigebracht werden muß. Manche geben den Füllen so hohe Krippen und Rauffen, daß sie aus solchen ihr Futter nur eben habhaft werden können, um dadurch zu bewirken, daß der Hals dem Pferde besser herauswächst, und es diesen gut trägt; übertreibt man dies aber, so fällt ihnen darnach der Rücken leicht etwas ein. Bei dem Aufbinden der Spanfüllen in Halfter achtet man auch darauf, daß diese ihnen nie zu enge sind, weil daraus leicht eine Mißgestaltung des Kopfes entspringen kann.

Im zweiten Sommer läßt der Bauer die Füllen ruhig im Grase gehen, doch hält er häufig die Füllen männlichen Geschlechts auf dem Stalle, wenn er ihnen nicht eine von den Stutfüllen abgesonderte Weide geben kann. Es ist ja bekannt, daß Hengstfüllen schon im zweiten Jahre junge Stuten von gleichem Alter belegt haben, was natürlicher Weise kein gutes Füllen geben kann, und ihnen selbst in dem Wachsthum und der Ausbildung schädlich ist. Wenn aber auch keine Befruchtung erfolgt, so reiten doch die Hengstfüllen häufig auf den Stutfüllen, jagen und treiben mit ihnen herum, wodurch beide in der zu ihrem Gedeihen so nöthigen Ruhe gestört werden, und sie, statt sich aufzunehmen, nur abmagern. Daher müssen Hengst- und Stutfüllen für sich geweidet werden. Wo dies mit Unzuträglichkeiten verknüpft ist, da läßt man die Hengstfüllen schon nach Ablaufe des ersten Jahres beschneiden.

Im zweiten Winter werden die Füllen, nachdem sie aufgestallt sind, mehrentheils mit gutem Heu, Spreu, Abstreichels u. dgl. erhalten. Korn giebt der Bauer ihnen wenig, und nur in dem Falle, wenn er sie, wie häufig geschieht, schon mit zweien Jahren zu leichten Arbeiten dann und wann gebraucht. Bei der Gewöhnung eines jungen Pferdes zum Ziehen spannt man es neben ein altes, das sehr ruhig und sanft ist, und richtet die Wage so ein, daß das junge Pferd Anfangs wenig oder gar nichts zu ziehen hat, vielmehr allmählig an die Fortbringung von, seiner Größe und seinen Kräften angemessene, Lasten gewöhnt wird, bei welcher Zugewöhnung man überhaupt in aller und jeder Rücksicht große Vorsicht beobachtet, und zwar um so mehr, je feuriger und muntrer ein Füllen ist, weil es sich von Unarten, als: Stätigkeit, Scheuigkeit, Schlagen, Bäumen u. s. w., welche es in der Jugend annimmt, nachmals schwer wieder entwöhnen läßt, und dadurch unbrauchbarer wird. Läßt man die jungen Pferde auch noch im dritten Sommer ruhig in gutem Grase gehen, ohne sie zu irgend einer Arbeit zu gebrauchen, so ist das allerdings der Vollendung des Wachsthums und ihrer gehörigen Ausbildung sehr zuträglich, geschieht aber nicht häufig.

Im dritten Winter werden nun die Füllen gleich den alten Pferden gefüttert und gewartet, weil der Bauer sie von nun an wie diese gebraucht, nur mit dem Unterschiede, daß er ihnen von den vorfallenden Arbeiten die leichteren zutheilt. Besser wäre es allerdings, wenn kein Pferd vor dem vierten, fünften Jahre zu irgend einer Arbeit gebraucht würde. Es würde dann um so dauerhafter, und sich nicht so frühzeitig abnutzen, wie nun. Auf Höfen kauft man zu Ackerpferden nicht gern unter fünf, nicht über sieben Jahre alt. Jünger nicht, weil sie dann noch nicht alle vorfallende Arbeiten ohne Nachtheile für sie gehörig verrichten können; älter nicht, einer Seits, weil bis dahin das Alter eines Pferdes nur mit Sicherheit genau zu bestimmen ist, welches vom siebenten Jahre ab schon mißlicher, nur erfahrnen, geübten Roßhändlern möglich wird; andrer Seits, weil ein älteres Pferd gewöhnlich auch früher unbrauchbar wird.

Für das beste Futter der Pferde hält man im Schleswig-Holsteinischen ausgedroschenen, gut gereinigten, gesunden Hafer mit möglichst fein geschnittenem Häckerling von gesundem Rockenstroh vermischt, und gesundes Heu, welches nicht zu frisch ist. Manche futtern die Pferde mit Häckerling von Hafergarben, wobei sie allerdings wohlbeleibt werden können, allein das Fleisch, welches sie dabei ansetzen, ist nie so fest, und hält bei der Arbeit nie so lange vor, als wenn man sich der zuerst gedachten Futterungsart bedient; auch werden sie selten so kurz von Haaren, glänzend und munter. In Absicht des Heues sind einige der Meinung, mageres aber gesundes sei den Pferden dienlicher, als fettes. Dies ist allerdings bei solchen Pferden der Fall, welche wohl zum Staat und Vergnügen, als täglich zu schweren Arbeiten gebraucht werden, und dabei viel Korn bekommen. Ein Arbeitspferd hingegen kann gern mit fettem Heu gefuttert werden, wenn es nur gesund und nicht zu frisch ist, und bedarf um so weniger an Korn, je mehr von diesem Heu man ihm reichen kann. Nachmahd (Grummet) wird von den meisten unserer Landwirthe für eine nachtheilige Futterung gehalten; sie ist es aber bekanntlich nicht, wenn solche nur durchaus untadelhaft gewonnen, und nicht zu frisch ist. Heu, das noch schwitzt, oder zu frisch eingefahren, und daher zusammengebrannt, oder nicht trocken geborgen, daher mulstrig geworden ist, dient den Pferden durchaus nicht. Gut geborgenen Klee halten unsere Landwirthe für eine nahrhafte Futterung, die sich aber weniger für Reit- und Kutsch-, als Arbeitspferde eignet. Auch mit Weitzen, Rocken und Gerste futtert man die Pferde in der hiesigen Gegend. Der umsichtige Landwirth läßt indessen diese Getreidesorten schroten, zwischen Häckerling mischen, und mit Wasser dergestalt gehörig und vorsichtig anfeuchten, daß durchaus keine Mehlklumpen entstehen. Guter, reiner Weitzen wird den Pferden hier, seiner Kostbarkeit wegen, nicht leicht gespendet, wohl aber giebt man ihnen die, mit der Trespe, Redde ꝛc. ausgestäubten und gesiebten, kleinen, schrumpflichen Körner desselben geschroten. Rockenschrot mit gutem feinen Rockenstroh-Häckerling vermischt, und vorerwähntermaßen angefeuchtet, hält man hier für ein gutes Futter für sehr entkräftete und alte Pferde. Rocken ungeschroten zu verfuttern, ist — nach der Schleswig-Holsteiner Meinung — nicht dienlich, und muß solcher mit vielem Häckerling vermischt um so vorsichtiger gegeben werden, je trockener er ist. Die Gerste futtert man hier geschroten auf die mehrgedachte Weise, zuweilen auch bereitet man sie, bis aufs Darren, als Malz; letztere Art ist wohl hauptsächlich im Frühlinge den Pferden heilsam, weil sie den Körper zugleich reinigt und nährt. Auch Erbsen, entweder geschroten, mit Häckerling vermischt und angefeuchtet, oder im Wasser aufgequellt, bis sie platzen wollen, dann mit Häckerling vermischt und angefeuchtet, hält man hier für eine den Pferden sehr gedeihliche Futterung; doch bedient man sich ihrer noch mehr im benachbarten Mecklenburg. Reif gewordenes Gemenge von Wicken, Hafer und Gerste zu Häckerling geschnitten, gilt eben wohl in hiesiger Gegend für ein gutes Pferdefutter, versteht sich, daß es gut geborgen sei.

In Ermangelung oder zur Ersparung des Korns futtern manche Landwirthe im Sommer die Pferde mit grünem Klee, oder mit Gemenge von Wicken, Gerste, Hafer und Erbsen, welches grün abgemäht wird. Einen guten Nothbedarf giebt diese Futterungsart allerdings ab: allein die Pferde gedeihen bei solcher lange nicht so gut, wie bei der gewöhnlichen Winterfutterung, sind zur Arbeit minder kräftig und ausdauernd, auch wirkt diese grüne Futterung auf eine ihnen nicht vortheilhafte Weise zu stark auf den Urin. Bei nicht zu starker Anstrengung können sie indessen doch im leidlichen Stande dabei erhalten werden, jedoch muß man sich sehr hüten, daß dieses Grünfutter sich nicht erhitzt habe, wenn man es ihnen reicht, weil dies gefährliche Krankheiten und Zufälle, ja sogar plötzlich den Tod nach sich ziehen kann. Bei dem Uebergange von der grünen zur trocknen, und von der trocknen zur grünen Futterung verfährt übrigens der umsichtige Landwirth mit einiger Vorsicht, schneidet eine Zeitlang das grüne Futter mit Stroh vermischt, und reicht es den Pferden dergestalt, daß er beim Uebergang zum Grünfutter allmählig immer weniger Stroh dazwischen schneidet. In Ermangelung dieser

Vorsicht, die um so nothwendiger wird, wenn das Grünfutter noch sehr jung ist, fallen die Pferde leicht in den Kropf.

Die Pferde mit Möhren, Kartoffeln und Rüben zu futtern, indem man ihnen diese Wurzelgewächse gehörig gereinigt, geschnitten und mit Strohhäcksel vermengt giebt, soll nach Thaer in einigen Gegenden Englands nicht ungewöhnlich seyn; allein in Schleswig und Holstein ist es nicht gebräuchlich. Dem Anscheine nach sind vorgedachte Gewächse zu wässericht, um eine, den Pferden gedeihliche Nahrung abgeben zu können. Angestellte Versuche können indessen allein mit Zuverlässigkeit darüber entscheiden, und wäre es möglich, durch Gewächse der Art, wenn auch nur bei den Ackerpferden, die Körnerfutterung, wenn nicht ganz und gar, doch zum Theil abzuschaffen: so würde dies von kaum zu berechnendem Vortheile seyn, und in der Schleswig-Holsteinischen Landwirthschaft eine Epoche machen, welche der gleich käme, die der Gebrauch des Mergels veranlaßt hat. Der Anbau des Hafers würde dann entweder sehr eingeschränkt werden, oder man würde von demselben auch die bedeutende Quantität, welche jetzt mit den Pferden verfuttert wird, ganz oder größtentheils versilbern können, dabei aber, weil die stellvertretenden Wurzelgewächse ohne irgend einen Nachtheil für die bisher producirten Halmfrüchte zu erzeugen wären, sehr ansehnlich gewinnen. — Am besten hält der Schleswig-Holsteiner es, die den Pferden täglich bestimmte Körner-Ration zu dreien Malen, Morgens, Mittags und Abends dergestalt zu reichen, daß sie das auf jede Zeit kommende Quantum in kleinen Portionen, und immer zu einer und der nämlichen Zeit bekommen. Zur Nachtgift steckt man ihnen dann soviel Rauhfutter auf die Rauffen, als sie während der Nacht verzehren können, und an den Tagen, wo sie nicht arbeiten, giebt

man

man ihnen zwischen jeder Kornfutterung einiges Heu. Gleichförmigkeit in der Futterung ist ein wesentliches Erforderniß, und der umsichtige Landwirth hiesiger Gegend achtet daher sehr darauf, daß die Knechte nicht bald mehr, bald weniger Häckerling zwischen den Hafer mengen, vor allen Dingen aber nicht so viel Futter auf einmal in die Krippe schütten, daß es von dem Athem der Pferde warm, ihnen unschmackhaft wird, und sie daher einen Theil desselben liegen lassen. Dadurch wird nicht nur viel Futter vergeudet, sondern die Thiere nehmen auch nie so zu, als wenn sie immer reine Krippe halten, und überhaupt große Freßlust bezeigen. Der vorsichtige Wirth sieht darauf, daß, ehe mit der Futterung begonnen wird, Raufen und Krippen immer von allem Umflathe und dem darin noch befindlichen Futter durch seine Knechte sorgfältig gereinigt werden, auch sich zwischen dem Futter selbst kein Staub und Sand und irgend etwas Unreines befinde. Zur Erregung der Freßlust und Beförderung des Gedeihens mengt man von Zeit zu Zeit etwas Salz zwischen das Futter. Pferde, die bei der Arbeit erhitzt sind, dürfen bekanntlich nicht sogleich getränkt werden, und es ist hier eine sehr üble, auf vielen Höfen herrschende Gewohnheit, sie, wenn sie vom Felde kommen, sogleich in die Tränke zu reiten. Sorgsame Wirthe dulden dies durchaus nicht, sondern lassen sie erst dann tränken, wenn sie zuvor wenigstens eine halbe Stunde gefressen haben.

Die Pferde vom Staube, Schweiß ꝛc. zu befreien, bedient man sich auch hier des bekannten Striegels und der Kardätschen. Um die Reinlichkeit desto leichter bewirken zu können, spühlt man mit Koth bespritzte Pferde zuvörderst in den Schwemmen ab, reibt sie mit Stroh, läßt sie nun abtrocknen und striegelt sie dann. Je öfter ein Pferd gestriegelt und gebürstet wird, desto besser; hier kann des Guten wohl nie zu viel geschehen. Auf den Höfen striegelt man die Ackerpferde gewöhnlich nur ein Mal, in der Morgenstunde, hie und da aber auch, wenn so viel Zeit dazu ist, in der Mittagsstunde. Kann man die Pferde, nachdem sie gereinigt sind, im Sommer mit leichten leinenen, im Winter mit wollenen Decken belegen: so ist es allerdings desto besser; doch geschieht dies bei den eigentlichen Ackerpferden hier nur selten. Wenn gegen die Nacht den Pferden das letzte Kornfutter gereicht, und ihnen Heu aufgesteckt wird, werden sie gut gestreut. Auf gar vielen Höfen werden die Pferde nur zweimal die Woche abgemistet; ihre Pferde liebende Wirthe lassen es aber jeden Morgen thun, weil den Pferden das Stehen auf dem Dünger nachtheilig ist, und die Ausdünstung desselben ihnen leicht allerlei Fußkrankheiten zuziehen können. Manche recht sorgsame Wirthe lassen ihren Pferden die langen Haare an den Beinen, den Ohren und dem Mund abschneiden. Die Beine von den langen Haaren zu befreien, ist da, wo die Thiere viel in Koth wandern müssen, von Nutzen, weil ihre Reinigung dadurch erleichtert wird; die Ohren auszuputzen ist aber nicht zu empfehlen, weil bei schlechtem Wetter, Hagel, Schnee und Regen, wogegen diese Haare ihnen Schutz gewähren, sie mehr belästigen, welches sie dann durch Kopfschütteln zu erkennen geben; das Abschneiden der Haare um Mund und am Kopfe ist, abgesehen davon, daß durch deren Entfernung das äußere Ansehen der Thiere gewinnt, völlig gleichgültig.

Den Pferdestall hat man hier gern hoch, luftig und vor Zugwinde gesichert. Man hält es am besten, wenn jedes Pferd seinen durch Bretter abgesonderten Stand, und seine besondere Krippe hat, wobei es sich von selbst versteht, daß ersterer hinlänglich geräumig, nach der Größe des Pferdes 6 — 8 Fuß seyn muß, damit es sich beim Niederlegen nicht beschädige. Auf vielen Höfen hat jedoch nur jedes Vier-Gespann einen abgesonderten Raum, und, insofern sie sich nicht vertragen können, befestigt man Bäume zwischen ihnen, um ihnen dadurch die Möglichkeit, sich durch Schlagen rc. zu beschädigen, zu erschweren. Die Krippen innerlich mit kleinen Fliesen (Klinker) zu belegen, aussen mit dünnem Eisenblech zu beschlagen, liebt man hier wohl, indem dadurch deren Beschädigung durch Nagen und Beissen der Pferde verhindert wird.

Die Ackerpferde den Sommer über auf die Weide zu jagen, ist jetzt auf den Schleswig-Holsteinischen Höfen als unzweckmäßig meistentheils abgeschafft. Zuweilen läßt man jedoch, wenn man ihnen so lange Ruhe gönnen kann, sie vierzehn Tage bis drei Wochen grasen, und wählet dazu die Zeit vom Ende Mai bis Johannis. Sie nehmen dann gewöhnlich gut auf, und werden von der Ruhe geschmeidig. Sollen sie indessen, wie solches häufig in Bauerwirthschaften Statt findet, beim Grasen täglich arbeiten: so können sie es einem Stallpferde keinesweges gleich thun. Man muß ihnen also weniger zumuthen, oder seine Arbeit schlechter beschaffen. Besser ist die Methode, welche von Einigen angewandt wird: die Pferde nur des Nachts im Grase gehen zu lassen, den Tag über aber ihnen die gewöhnliche Winterration an Körnern unverkürzt zu reichen; wobei denn einer Seits das Heu gespart wird, andrer Seits die Pferde sich besser ausliegen.

Der Schleswig-Holsteiner vereinigt wo möglich nur immer solche Pferde mit einander im Zuge, die es einander gleich thun können und wollen, weil auf die Art nicht nur mit ihnen mehr auszurichten ist, sondern sie auch länger mit einander ausdauern. Vorzüglich großen Pferden giebt man hauptsächlich da den Vorzug, wo der Acker schwer und die Wege tief sind. Ihre Erhaltung ist aber kostbarer, als die der kleineren Pferde, welche man deshalb da vorzieht, wo alle Arbeiten minder schwer sind, wie z. B. in der Mitte des Landes. Die Stärke und Brauchbarkeit eines Pferdes steht zwar oft in umgekehrtem Verhältnisse mit dessen Größe; allein in allem Uebrigen gleich, thun doch die Größeren es den Kleineren zuvor. Dieserwegen nimmt man hier bei einem Vier=Gespann zu den Hinterpferden gern stärkere und größere, zu dem Sattelpferde aber das stärkste und größte, weil solches nicht nur gleich den übrigen ziehen muß, sondern obendrein den Fuhrmann zu tragen hat.

Die Schönheit ist allerdings bei den Reit= und bei den Zugpferden eine angenehme Zugabe, allein das Nützliche und Gute sollte doch immer dem minder Wesentlichen vorgehen, und es ist nicht zu billigen, wenn man durch ein schönes Äußere sich verführen läßt, wesentliche Mängel und Fehler zu übersehen. Indem man bei der Zuzucht von Pferden meistens mehr auf Schönheit, und das, was äußerlich empfiehlt, als auf innere und ausgezeichnete Tüchtigkeit und Dauerhaftigkeit Rücksicht nimmt: ist mancher fernichte und ausgezeichnete Schlag von Pferden ausgeartet und verloren gegangen.

Auf 100 Tonnen rechnet man im Schleswig=Holsteinischen gewöhnlich ein Vier=Gespann Pferde. Unser Landwirth hält zwar gemeiniglich viel von seinen Pferden; indeß läßt er sie auch wacker arbeiten. Uebrigens wird dahin gesehen, daß die Knechte, wenn nicht außerordentliche Fälle solches unstatthaft machen, regelmäßig ihre Arbeitsstunden halten, und das Mehrere oder Wenigere der Futterung nach der mindern oder stärkern Anstrengung stets dergestalt modifizirt werde, daß Abzug oder Zugabe nie über den dritten Theil der gewohnten Ration auf einem Male betrage. Fast allgemein tragen die hiesigen Pferde auf allen vier Füßen Eisen; nur an einigen Orten, z. B. auf Fehmern, wo der Boden völlig frei von Steinen ist, läßt man sie bloß an den Vorderfüßen, oder auch gar nicht beschlagen. Auf den Höfen hat man den Pferdebeschlag gewöhnlich mit dem Schmidt Jahrweise verdungen, und giebt dann in der Regel für jedes Pferd $2\frac{1}{2}$ Thlr.

Im Frühjahre leidet der größte Theil hiesiger Pferde am Kropfe; eben so sind sie auch im Herbste damit geplagt. Es scheint, daß diese Krankheit beim Uebergange von einer Futterungsart zur andern selten ausbleibt, wenn die Knechte nicht in allem und jedem Betrachte die größte Sorgfalt für die ihnen anvertrauten Thiere tragen. Der Wirthschaftsführer hat besonders dahin zu streben, daß ihm, nach beendigter Ernte, noch eine Parthie alten Hafers zu Gebote steht, und er nicht gezwungen ist, den Pferden mit einem Male die frischen Körner, ohne Zusatz von überjährigen, zu reichen, welches für das Zugvieh sehr nachtheilig befunden ist, und mancherlei unangenehme Zufälle veranlassen kann. —

Der Gebrauch der Ochsen zu Feldarbeiten ist nach und nach immer mehr abgekommen, und nur auf einzelnen Höfen benutzt man sie zum Pflügen. Vor mehreren Jahren wurden sehr häufig lebhafte Debatten über die Anwendbarkeit und Unstatthaftigkeit der Ochsenwirthschaft geführt. Die Erfahrung scheint auch diesen Streit jetzt geschlichtet, und zu Gunsten der Ochsengegner entschieden zu haben. Unsere rationellen Landwirthe sind sich jetzt zum größten Theile darüber einig, daß im Allgemeinen, wenn nicht eigene Lokalitäten zur Betreibung des Ackerbaues mit Ochsen bewegen, dem

Pferde in dieser Hinsicht der Vorzug gebühre. In Wirthschaften von gewöhnlicher Einrichtung ist die Haltung der Ochsen hier weit kostbarer, als die der Pferde. Zwei Pflüge mit Ochsen beschaffen nicht mehr, als Ein gut bespannter Pferdepflug, überdies bearbeitet dieser das Land besser. Zum Eggen in der Ernte kann man die Ochsen wenig oder gar nicht benutzen; in der Regel halten sie bei der Arbeit nur auf. Auch beim Verfahren der Produkte sind sie undienlich. Dennoch muß man die Ochsen, wenn man noch einigermaßen den Preis herausmachen will, bei schweren Arbeiten mit Körnern futtern, ihnen übrigens aber im Sommer gutes Grünfutter, im Winter Heu spenden. Noch kommt dazu, daß mehrere Leute bei den Ochsen, als bei den Pferden gehalten werden müssen, und es meistens schwierig ist, Knechte zu bekommen, die gehörig damit zu arbeiten verstehen. Die Ochsenfreunde machen uns zwar auf dem Papiere oft Berechnungen von den großen Vortheilen der von ihnen in Schutz genommenen Zugwirthschaft vor; aber wozu kann das dienen, wenn das Facit der Empirie so wenig mit dem Resultate ihrer Rechnung übereinstimmt? —

Das Arbeiten mit Kühen, wie solches nach Schmalz *) viel im Altenburgischen Statt findet und Vortheil gewähren soll, will hier noch nicht in Aufnahme kommen. So viel ich weiß, ist nur in der Gegend Flottbeks ein Anfang damit gemacht worden. Herr Staudinger hat uns darüber in den landwirthschaftlichen Heften, welche die Central-Administration der Schleswig-Holsteinischen Gesellschaft herausgiebt, eine sehr schätzbare Mittheilung gemacht, und unser verehrte Etatsrath von

*) S. dessen Beschreibung der Altenburgischen Landwirthschaft p. 121.

Voght den Aufsatz mit seinen Bemerkungen begleitet. Was sehr für die Sache spricht, ist dieses: daß zwei große praktische Landwirthe nach eigener Anschauung ein günstiges Urtheil darüber abgegeben. — Nach der Vorstellung, welche ich mir von der Bestellung der Felder durch Kühe mache, scheint mir diese zwar Manches für sich zu haben, nur will es mir nimmer einleuchten, daß man des Milchgewinnes von diesen Thieren nicht allgemach völlig verlustig gehe. Langjährige Erfahrung hat gelehrt: gemächliche Ruhe nur sage dem Milchvieh, von dem man eine gute Ausbeute für seine Molkerei erwarte, zu, und der Milchertrag sei stets um so bedeutender oder geringer, je ungestörter oder beunruhigter das Vieh es habe. Will man Kühe als Arbeitsvieh benutzen, so dünkt mir, muß man den Vortheil von der Milch fahren lassen, und umgekehrt in die Einnahmeconto vom Melkvieh nicht die Beschaffung gewisser Feldarbeiten zu rubriciren versuchen. Höchstens möchten unsere kleinsten Landwirthe, welche nicht soviel Land besitzen, daß sie Pferde halten können, und ihre Pflugarbeit für baares Geld thun lassen müssen, den Altenburgischen Kuhbauern nachzuahmen vernunftgemäß berechtigt sein.

Achter Abschnitt.

Kultur des Düngers.

Wenn den Belgiern und Schweizern mitunter der Vorwurf gemacht worden, daß sie in der Sammlung und Behandlung des Düngers zu subtil seien, und ins Extrem dabei verfallen dürften: so läßt sich dagegen von der Mehrzahl der Schleswig-Holsteinischen Landwirthe mit vollem Grunde der Wahrheit schnurstraks das Gegentheil behaupten, und es ist nicht genug zu wünschen, daß den hiesigen Oekonomen Einiges von der zu weit gehenden Liebe jener Nationen für's Düngerwesen zu Theil werden möchte.

Wohl kann es keinesweges in Abrede gestellt werden, daß seit den letzteren Decennien auch Schleswig und Holstein gleich den benachbarten Staaten bedeutende Fortschritte in der Landwirthschaft gemacht, und unser Ackerbauer gar manche Fessel, welche Geistesarmuth und Stumpfsinn ihm auferlegte, abgeworfen habe. Die, obgleich im Anfange nur sehr langsam in Aufnahme kommende, endlich aber doch allgemein gewordene Mergelung unsrer Felder hat eine Epoche in der Schleswig-Holsteinischen Landwirthschaft gemacht, welcher seit Menschengedenken keine zweite an die Seite gestellt werden kann. Vermöge der mit der Bemergelung verbundenen Brache schwang unser Ackerbau sich auf eine früher nicht gekannte Stufe der Vollkommenheit. Der umsichtigere Landwirth sah allgemach immer mehr ein, wie sehr Noth es thue, die Natur in ihrem Gange so viel möglich zu unterstützen. Auf die Reinigung des Bodens vom Unkraute, auf seine gehörige Zertheilung durch Pflug und Egge, auf seine Entwässerung, auf eine zweckmäßige Abwechselung der Früchte, welche er von seinem Lande nahm: wandte er mit der Zeit eine immer größere Aufmerksamkeit. Allein — bei allem diesen rühmlichen Streben mußte der aufmerksame Beobachter unsres landwirthschaftlichen Strebens, nur um so schmerzlicher überrascht, die unangenehme Bemerkung machen, daß die Folgen desselben dennoch nicht nachhaltig in einem so hohen Grade wohlthätig seyn würden, als der Mehrtheil vermeinte, indem die wahre Seele des Ackerbaues — der Dünger, dessen Sammlung und Behandlung — nur von sehr Wenigen in dem erforderlichen Maaße gewürdigt, und zum Hauptgegenstande des landmännischen Nachdenkens und Scharfsinns gemacht wurde.

In der neuen Zeit hat sich insbesondere durch den nicht gehörig moderirten Rapsbau ein nicht unbedeutender Theil Schleswig-Holsteinischer Landwirthe großen Düngerverlust zugefügt. Bei denjenigen, welche nach der Bemergelung ihrer Felder einzig den Kornbau betrieben, oder ihren Rapsbau auf eine vernunftgemäße Weise einschränkten, hat zwar die sehr beträchtliche Vergrößerung des Strohgewinnes eine Vermehrung des Düngervorraths nach sich gezogen; indeß ist doch schon die Mehrheit herzlich damit zufrieden, wenn sie es nur dahin bringt, ihre Braache alljährlich gut bedüngen zu können; und wenn sie auch nicht des Glaubens ist, daß das, was darüber ist, von Uebel sey: so entschließt sie sich doch keinesweges, seiner Hervorbringung den gehörigen Fleiß zu widmen. Was übrigens die Beachtung der mineralischen und vegetabilischen Düngmittel, gleich wie die Bereitung von Dün=

gergemengen betrifft: so steht unser Landwirth darin so manchem fremden auf eine nur zu auffallende Weise nach, und zeigt in diesem Punkte noch ganz vornämlich eine Gleichgültigkeit, welche um so tadelnswerther ist, je eigensinniger er dadurch dem Fortschreiten seiner Wirthschaft Hindernisse in den Weg legt.

Der größte Theil animalischen Düngers wird hier von dem Rindviehe, insbesondere den Milchkühen, gewonnen. Die Aufstallungsart derselben ist sich nicht in allen Gegenden der Herzogthümer gleich, und dieser Verschiedenheit ist auch die ungleichartige Bereitung des Stallmistes im Schleswig-Holsteinischen beizumessen. Auf unsern meisten Gütern steht das Vieh mit dem Kopfe gegen die Futterdiele, solchergestalt, daß ihm, ohne irgend eine Beschwerde von Seiten des Hirten, das auf jener vorräthig liegende Heu und Stroh mit leichter Mühe vorgeschoben, und nichts vergeudet werden kann. — In einigen Distrikten Schleswigs und im westlichen Theile Holsteins ist dagegen der Stand des Rindviehes im Kuhhause von entgegengesetzter Art. Hier steht es mit dem Kopfe der Wand zugewendet, frißt aus Krippen, und hat auch einen bei weitem reinlichern Lagerplatz, indem hinter ihm eine ausgebohlte Rinne ist, worin der, ihn nunmehr auf keine Art wieder belästigende Unrath fällt. Bei dieser Aufstallungsart wird in knapper Zeit der Mangel an Einstreuungsmaterial nicht so fühlbar, als bei ersterer. — Auf den Hof wird der Mist gewöhnlich mit Schleifen aus den Ställen gebracht; wo das Vieh mit dem Kopfe gegen die Wand steht, bedient man sich zu diesem Geschäfte des Schiebkarrens, welcher auf einem, in den zwischen den Ständen laufenden Gang eingelegten Brette leicht fortrollt.

Der hier zum größten Theile nur mit Stroh vermischte

Kuhdünger wird auf den meisten Gütern fast täglich aus den Ställen geschleift. Wenn die Belgier den Glauben hegen, daß die Häufung des Mistes im Stalle keinesweges von Nachtheil sei, vielmehr eher Vortheil bringe, und zuvörderst ausfahren, wenn sie seiner zum Feldbau bedürfen: so hält der Schleswig-Holsteiner im Gegentheil dafür, des Ausmistens könne leichter zu wenig', als zu viel geschehen. Obgleich wir unsere Landwirthe, im Ganzen genommen, nicht als kompetente Richter im Düngerwesen anerkennen können: so müssen wir doch gestehen, daß sie vielleicht in dem hier berührten Punkte nichts weniger als Unrecht, und der Belgier Verfahren vor dem hiesigen durchaus keinen Vorzug haben dürfte. Wenn wir auch die Nachtheile, welche die Düngersammlung im Stalle auf das Rindvieh äußert, unerwogen lassen wollen: so werden wir doch versuchen, hier die Frage aufzuwerfen: ob durch das lange Liegenbleiben des Mistes im Stalle die faulige Gährung nicht auch zu weit gehen könne? — Auf der andern Seite möchte die Gährung im Stalle, vielleicht auch mitunter aus Mangel an Feuchtigkeit, wiederum verhindert werden, und der Mist solchergestalt verbrennen können. Auch will uns bedünken, die Verflüchtigung von Gasarten bei einem Miste, welcher lange im Stalle gelegen und sich erhitzt habe, sei — wenigstens dem Anscheine nach — weit stärker, als bei jenem, welcher in der Düngerstätte geladen werde, welcher nur langsam gährte, und dessen Fäulniß noch keinen hohen Grad erreicht hat. —

Unsere Miststätten sind oft nichts weniger als zweckmäßig, an manchen Stellen sehr mangelhaft und voll grober Mißgriffe angelegt. Wenn man sie auch gewöhnlich in der Nähe des Kuhhauses antrifft: so ist im Allgemeinen doch zu wenig darauf gesehen worden, sie zu einem gesammten

Düngermagazin zu machen, und gar manche flüssige düngende Substanz fließt, weil sie der verkehrten Lage der Miststätte halber nicht in diese geleitet werden kann, unbenutzt fort. Eine **gehörige** Vertiefung der Miststätte, welche nur allein der zu trocknen oder zu feuchten Lage des Mistes vorbeugt, so wie die ihr so nöthige Abwehrung starker Winde, vermöge der Umpflanzung mit schattigen Bäumen; die Verhinderung fremden Wasserzuflusses ꝛc., sind Bedingnisse, die, für so nothwendig sie auch in jedem Betrachte erkannt, doch noch auf manchen unserer Güter bis dahin unerfüllt geblieben sind.

Das gehörige Vertheilen des Mistes, wenn er in die Düngerstätte gebracht wird, ist ein Geschäft, welches hier an manchen Stellen nur sehr oberflächlich verrichtet wird. Mit eben so weniger Accuratesse gehen viele bei der Mengung der verschiedenen Mistarten zu Werke. Nicht selten läßt man den Pferde- und Schweinemist in einem unordentlichen Wulst aufs Gerathewohl hinwerfen, und ihn solchergestalt eher verbrennen, als in die gemeinsame Miststätte bringen, auf daß er dort, vermischt mit dem Rindviehdünger, zu einer guten Masse gedeihe.

Die sorgfältige Sammlung und Benutzung der Ahljauche ist eine Sache, worin man die Schleswig-Holsteiner wohl keinesweges zum Vorbilde nehmen kann. Wenn der Schweitzer die flüssigen Theile des thierischen Unraths von dem eigentlichen Miste in eigenen Behältern sammelt, und sie seiner Zeit auf sinnreiche Weise benutzt: wenn in den Niederlanden der Ahl in steinernen Behältern auf's Land gefahren und in einem Tropfenregen über besäete und unbesäete Aecker verbreitet wird; wenn die meisten Altenburgischen Landwirthe Jauchebehälter besitzen, und von Zeit zu Zeit, sobald die Gruben gefüllt sind, die Jauche auf die Wiesen, in die Gärten oder auf die Kleefelder, einige sie auch auf die Braache bringen: so scheuet der Schleswig-Holsteiner sich dagegen nicht, diese köstliche Materie mehrentheils völlig ungenutzt zu lassen, und nicht selten wird dieselbe, als belästigend, in die nächste Pfütze oder Teich geleitet. Mögen auch Einige die sich in der Miststätte sammelnde Jauche dem Strohe einverleiben: im Allgemeinen unterbleibt dies, und Jauchdüngung kennt man hier nur kaum dem Namen nach. — Wer über das Düngerwesen eines ganzen Landes schreibt, darf wohl keinen zu beschränkten Gesichtskreis haben, und seine Urtheile nicht bloß mit besonderer Berücksichtigung des ihm zunächst Liegenden abgeben; demnach scheint uns obiger Ausspruch nicht zu hart zu seyn, und wir können nicht umhin zu gestehen, daß der Herr Iversen, unserm Dafürhalten nach, dem Schleswig-Holsteinischen Landmannsstande wohl nur eine ziemlich ungeschickte Schmeichelei sagen wollte, wenn er in seinen „Beiträgen der Schleswig-Holsteinischen Landwirthschaft" bei der Behandlung unseres Düngerwesens so ganz im Allgemeinen und völlig unbedingt äußert: „daß man, wo das Local es hier nicht gestattet, die Jauche zur Bewässerung der Wiesen zu benutzen, diese in Gruben sammle, welche man mit vegetabilischen Abfällen aller Art ausfülle und selbige, nachdem sie die düngenden Theile der Jauche eingesogen hätten und vermodert wären, auf den Acker bringe." — Auf wie vielen Stellen mag dies wohl der Fall seyn?

Einzelne Ausnahmen von der Regel giebt es allerdings auch hier, und daß diese nicht als lehrreiche Beispiele öffentlich bekannt gemacht, und zur Nachahmung anempfohlen werden sollten, dagegen habe ich nichts, finde diese Bekanntmachung vielmehr sehr wünschenswerth. — Wo man so selten als hier eine gehörige Behandlung des Mistes, und Kenntniß und Pflege der Jauchedüngung wahrnimmt, muß es einen in der That sehr freudig überraschen, wenn man einmal auf einem Gute das Düngerwesen mit der gehörigen Umsicht verwalten sieht, und alles dabei in der besten Ordnung vorfindet. Sollte daher dieser oder jener wißbegierige Oekonom in der Fremde eine Wanderung nach Schleswig und Holstein unternehmen, um sich mit gewissen Eigenthümlichkeiten unserer Landwirthschaft vertraut zu machen: so rathe ich ihm auch, wenn er sich einmal durch die Ansicht einer recht sinnreichen Düngerwirthschaft für so manche traurige Wahrnehmung in dieser Hinsicht entschädigen will, einen Abstecher nach dem Herzoglich-Oldenburgischen Fideikommiß-Gute Mönch-Neverstorf zu machen. Hier wird er nicht allein dem Administrator für die Art, mit welcher er seinen Stallmist behandelt, gebührendes Lob spenden müssen, sondern auch sehr angenehm von der dort üblichen Benutzung der Jauche überrascht werden. Der Ahl wird nicht allein zur Wiesendüngung verwandt, sondern man befördert auch, vermöge einer in der Düngerstätte angebrachten Pumpe, aus welcher die Jauche in angelegte Rinnen gepumpt, und solchergestalt über den Mist verbreitet wird, die Gährung desselben in trockener Zeit. Selbst auf ferne Wiesen wird der Ahl in einer Tonne gefahren, und man verspürte schon lange die segenreichsten Folgen von diesem Verfahren. —

Wie gesagt wird der Pferde-, Schweine- und Schaafmist hier selten für sich allein benutzt. Ersteren gebraucht man nur ungemischt auf kaltem moorigen Lande, zur Ueberdüngung von zur Grünfutterung bestimmten Klee ꝛc. Bei unserer eingeschränkten Schaafzucht ist der reine Pferchdünger hier etwas seltenes. Federviehmist wird hier meistens als Ueberdüngungsmittel bei Gartensaaten verwandt. —

Mag auch die Angabe: „daß der Auswurf eines jeden Menschen hinreichend sei, um so viel vegetabilische Nahrung zu erzeugen, als er zu seinem Lebensunterhalt bedürfe," keinen Glauben verdienen, so halten wir doch dafür, daß die menschlichen Excremente, wenn man sie mit Sorgfalt sammelte und behandelte, einen gar nicht unbedeutenden und sehr nützlichen Beitrag zum alljährlichen Düngervorrath abgeben würden. Dies scheint der Schleswig-Holsteiner indeß keinesweges zu erkennen. Wenn der Chinese und Japanese die menschlichen Excremente für eins der wichtigsten Düngemittel halten; wenn der Niederländer sich nicht scheuet, sie per Achse oder in Schiffen meilenweit herzuholen, und seinem Acker einzuverleiben: so bemächtigt sich dagegen hier in der Regel unserer, wenn ihrer nur im Gespräche zwischen Landwirthen erwähnt wird, ein sehr lächerlicher Ekel, und nicht ängstlich genug glauben manche unserer Oekonomen sich vor dem übeln Einfluß, welchen sie auf ihre Geruchsnerven äußern möchten, bewahren zu können. Nicht selten hängt man auch noch an dem Vorurtheile, daß der mit menschlichem Unrathe gedüngte Acker geschmackswidrige Früchte hervorbringe, und unsere Excremente überhaupt für alles Wachsthum der Pflanzen eher von Schaden als Nutzen wären.

Daß ein Oekonom sich vor dem Gestank menschlicher Excremente fürchte, finden wir etwas paradox. Um den Gestank zu mindern, kann er ihn übrigens ja nur wöchentlich ein Mal mit Kalk vermengen; dadurch wird er bald seine Ekelhaftigkeit verlieren. Er verwandelt ihn solchergestalt zugleich in ein sehr wirksames Düngemittel.

Daß die menschlichen Excremente die auf ihnen erbauten Pflanzen, vermöge der Mittheilung eines üblen Geschmacks, unbrauchbar machten, ist längst als erfahrungswidrig anerkannt. Im Uebrigen wird es Keinem, der mit menschlichem Dünger umzugehen weiß, Wunder nehmen, daß dieser hier an manchen Stellen seine Wirkung verleugnete, wenn er hört, auf welche Art und Weise man ihn da, wo er benutzt wird, gewöhnlich behandelt. In der Regel wird er, so wie man ihn aus den Abtritten schafft, auf den allgemeinen Misthaufen geworfen; hier kann er sich natürlicher Weise nicht gehörig zertheilen, und der Nutzen, den er schafft, kann allerdings kaum der Rede werth sein. Sorgt der Schleswig-Holsteiner nur für eine gehörige Vermischung des Menschendungs mit Kalk, Rasenerde und andern zweckmäßigen Materialien, oder ahmt er nur das Beispiel der Niederländer, welche die besprochenen Excremente mit Ahljauche, Spühlwasser, Seifenwasser und dergleichen vermengen, diese Substanzen bis zum Gebrauche in großen Gruben aufbewahren, und hernach im Sommer aufs Feld bringen, wo dieser flüssige Dünger wie ein Tropfenregen vertheilt wird, nach: so leidet es wohl keinen Zweifel, daß gar bald seine irrigen Meinungen auch über den hier besprochenen Gegenstand schwinden, und er den großen unleugbaren Werth des Menschendungs gehörig anerkennen werde. —

Der Schleswig-Holsteiner bringt seinen Mist in der Regel in einem nicht zu speckartigen Zustande in den Acker. Insbesondere giebt er dem minder zersetzten Miste auf zähem, kaltgründigem Boden den Vorzug. Er hält dafür, daß dieser die Ackerkrume mehr als sehr verfaulter auflöse, auch sein in die Krume übergehender Wärmestoff eine vortheilhafte Wirkung äußere.

Den

Den Mist während des Winters über den Boden auszubreiten, ist hier sehr wenig üblich. Viele sind noch des Glaubens, daß die freie Luftaussetzung des Düngers seine Güte verringere. Nur in der Nähe unserer größeren Städte, wo der nahe wohnende Landwirth seinen Pachtzins zum größten Theile aus der Molkerei machen muß, und der Ankauf und Transport von Stadtdünger sich gehörig lohnen kann, wird häufig das Wiesen- und Gartenland während des Winters mit Mist bestreut.

Auf unsern Gütern wird in der Regel ein Theil des Mistes schon während des Winters auf das Brachfeld in eine sogenannte Mite gefahren. Den Rest bringt man im Junimond aus. Das Streuen, welches gewöhnlich die Arbeit der Frauensleute ist, wird leider! auf manchen Stellen noch sehr mangelhaft beschafft. Nicht selten bin ich in hiesiger Gegend über frisch bedüngte Felder gekommen, auf welchen ich jede Stelle, wo ein Haufen abgeladen war, bezeichnen konnte. — Viele hangen noch an dem Vorurtheile, daß der Mist, gleich nachdem er ausgebreitet worden, möglich frisch untergebracht werden müsse; insbesondere ist eine nicht geringe Zahl der Schleswiger der Meinung, ihr Dünger verliere die besten Kräfte, wenn er ein paar Tage ausgestreuet liegen bleibe. —

Düngergemenge werden hier nur sehr einzeln gemacht. Die Mehrzahl unterläßt die Bereitung von Kompost aus dem Grunde, weil solche ihnen zu zeitraubend und kostbar bedünket. Einige zweifeln wohl auch an ihrer Wirksamkeit, weil der Erfolg verschiedener — zweifelsohne nach verkehrten Grundsätzen gemischten — Düngergemenge, welche unter ihren Augen bereitet worden, nicht ermunternd war. — Bloß in unsern Heidegegenden ist, als Ausnahme von der

Regel, eine, freilich ziemlich einfache, Art von Düngergemengen gebräuchlich. Man bereitet hier nämlich, um den Auswurf des wenigen Viehes zu vermehren, den sogenannten Plackmist (Plaggenmist). Dieser besteht aus großen, acht bis zwölf Zoll breiten und ein bis zwei Zoll dicken, mit einem Plackenhauer abgehauenen Rasenstücken, welche im Vorsommer mit einigem wenigen Stallmist in Haufen oder Miten aufgeschichtet werden, und bis zum Herbste ruhig liegen bleiben, da man sie dann auf den Acker fährt. Auch ist es in jenen öden Distrikten, gleichwie in Ostfriesland, wohl gebräuchlich, daß man das Vieh Nachts in Umzäunungen (Kauen), welche mit ähnlichen Materialien belegt werden, einschließt, und dadurch einen Plackmist gewinnt, welcher den gewöhnlichen bei weitem an Güte übertrifft, indem er nicht allein mit mehrerem animalischen Dünger vermischt, sondern auch durch das Treten des Viehes sehr verbessert ist.

An den Gebrauch vegetabilischer Einstreuungsmittel, außer dem Getreidestroh, wird hier wenig oder gar nicht gedacht. So wurden z. B. bis dahin auf eine unverzeihliche Weise die Rapsstengel und Hülsen vergeudet, ja mehrentheils gleich nach der Ernte den Flammen übergeben.

Einige Küstenbewohner an der Ostsee vermehren ihren Düngervorrath durch die Benutzung des Seetangs, womit sie theilweise ihren Schweinen streuen, theils auch ihre Hofplätze und Wege belegen. Diese Masse wird späterhin gesammelt, und zum Behuf der nöthigen Gährung in Haufen gesetzt. Man hält dafür, daß der auf diese Art gewonnene Dünger vortheilhafter für eine kompakte, als lose Krume sei. Wir können hierüber aus Erfahrung nicht urtheilen.

Das Unterpflügen grüner Saaten geschieht, so viel ich weiß, in Schleswig und Holstein nur von sehr wenigen Wirthen. Man achtet wohl, im Ganzen genommen, diese vegetabilische Düngung gar zu geringe, und zweifelt daran, daß die damit verbundene Mühe und der nöthige Kostenaufwand hinreichend belohnt werden dürften. Nur auf einigen Gütern, z. B. auf M. Neverstorf, habe ich wohl zum Behufe grüner Düngung Winterraps ausgesäet gefunden, im südlichsten Theile Holsteins aber hie und da Versuche mit dem bekannten Ackerspörgel machen sehen. Daß dieses Gewächs sich vor allen andern zu der hier besprochenen Düngung am meisten eigene, hat sich auch dort zur Genüge bewährt. —

Bevor der Mergel in unseren Herzogthümern in Aufnahme kam, ward der Teichschlamm oder Modder sehr häufig zur Düngung unserer Felder benutzt. Man scheute, das ist wahr, damals keine Mühe und Kosten, um vermöge der Aufbringung dieses reichhaltigen Düngers seine Aecker zu verbessern. In der Regel ward die Arbeit des Ausschlämmens in Akkord gegeben, und der an den Tag geförderte Modder meistens vor dem Eintritt des Winters in mäßig großen Haufen aufs Feld gebracht, damit er dort gehörig ausfriere. Das Ausbringen geschah in der Regel mit einspännigen Sturzkarren. — Die Wirkung des Modders hat sich auch hier erst vom dritten Jahre an am glänzendsten gezeigt. —

Es ist bekannt, welche Epoche das Mergeln in unserer Landwirthschaft gemacht. Die Wiederherstellung dieser so gemeinnützigen Erfindung durch die Probsteier ist jetzt ohngefähr 70 Jahr alt. Jetzt findet man wenige unbemergelte Felder mehr; nur auf dem Mittelrücken des Landes sind die Bauern noch mit dem Mergeln zurück. Man findet in Schleswig und Holstein fast allenthalben Mergel; am leichtesten ist er in den östlichen Gegenden anzutreffen. Solche Bodenarten, die zwischen dem Lehm- und Sandboden die Mitte halten, haben Lehm- und Sandmergel in Ueberfluß. Als der Mergel zuerst in Gebrauch kam, hat man es oft nicht für nöthig erachtet, den Dünger zu seinem Begleiter zu machen, und sich dadurch an manchen Orten in seiner Wirthschaft zurückgearbeitet. Jetzt erkennt man zwar, da Erfahrung zu augenscheinlich dargethan, daß Mergeln ohne Düngen mit der Zeit zu Grunde richte, wie unverständig es sei, den Mistgewinn zur Nebensache zu machen; indeß sind die Meinungen über die Wirkung des Mergels doch noch immer sehr verschieden. Einige glauben, daß der Mergel düngende Kräfte habe, andere behaupten, er wirke hauptsächlich nur als Reizmittel; manche halten seine mechanische, viele aber auch seine chemische Wirkung für die beachtungswertheste.

Das Verfahren beim Mergeln selbst hat hier nichts Abweichendes. Gemeiniglich wird auf den Gütern die Arbeit verdungen, und zwar Pottweise. Man mergelt am liebsten auf dem Dresche, den Sommer über, um Pferde und Wagen zu schonen, und Mühe und Kosten zu ersparen. Der Quadrat-Ruthe Landes giebt man gewöhnlich 1 Fuder Mergel zu 3 Cubikfußen fester Masse. Der umsichtige Landwirth sieht dahin, daß er den Mergel nur völlig ausgetrocknet, und bei trockener Witterung nicht zu tief unterpflüge.

Daß er noch immer Stellenweise nicht die Wirkung hervorbringt, welche man von ihm erwartet, liegt wohl zum größten Theile daran: daß eine sorgfältige Entwässerung des Bodens nicht genugsam beachtet wird. Insonderheit gräbt der Bauer oft sein Land nur sehr mangelhaft ab. —

Für ein sehr wesentliches Geschäft beim Landbau hält man in manchen Gegenden, z. B. vorzüglich im Altenburgischen, das Erdefahren. Der geschätzte Schmalz sagt in seiner Beschreibung der Altenburgischen Landwirthschaft: „es gelte der für einen schlechten Wirth, der zwei Pferde halte, und jährlich nicht wenigstens 1000 einspännige Karren Erde fahre.“ — Eine solche Unterlassungssünde wird in Schleswig und Holstein auch von dem umsichtigern Theile keinesweges durch einen so strengen Richterspruch geahndet. Nimmt es hier doch gar nicht Wunder, daß oft kaum der entfernteste Begriff von einer vortheilhaften Vermischung der Erden vorhanden! — Nur auf wenigen Stellen verfährt man überflüssige Erde dahin, wo sie fehlt, und schlägt solchergestalt zwei Fliegen mit einer Klappe. Das zweckmäßige Verfahren, die Erde alter Wälle als vortheilhaftes Düngungsmittel anzuwenden, wird eben so wenig angewandt, als man darauf bedacht ist, den Ueberfluß an guter Erde, welcher sich auf trockenen Wiesen, die keine gute Grasnarbe haben, vorfindet, zu benutzen. — Komposthaufen von Erde anzulegen, ist bei der geringen Würdigung der Jauche gleichfalls von jeher etwas seltenes gewesen, und wir wissen nicht, wie der Herr Iversen so unbedingt behaupten könne: „Man habe in Schleswig und Holstein Holerde, Abfall von Torf, Torfasche, Auskehricht und dergleichen zusammen gesucht, diese Masse mit Jauche begossen, sie umstechen und durchgähren lassen, und dadurch einen sehr kräftigen Kompost gewonnen, welchen man vorzugsweise zur Düngung des Buchweitzenfeldes verwendet.“ — Ich frage abermals: Auf wie vielen Stellen mag dies wohl, besonders im Großen, der Fall sein? —

Die Kalkdüngung ist in Schleswig und Holstein zum größten Theile wohl ihrer Kostbarkeit wegen nicht gebräuchlich. Indessen vermeinen Einige auch wohl, daß ihre Wirkung überhaupt nicht der Rede werth sei. Wir vermuthen, dies habe seinen Grund darin, daß man dort, wo man Versuche mit diesem mineralischen Dung gemacht, solchen vielleicht nur auf erschöpfte Ländereien gebracht. Da kann denn der Erfolg allerdings nicht entsprechend sein! Der Kalk kann, wie bekannt, größtentheils nur als Auflösungsmittel des im Boden vorhandenen Humus angesehen werden; derjenige, welcher bei seinem Gebrauche die Mistdüngung glaubt entbehren zu können, irrt sich entsetzlich.

Auf einigen Stellen in hiesiger Gegend sind vor Kurzem Versuche mit der Kalkdünguug auf Wiesen angestellt worden; jedoch will auch von dieser niemand viel Rühmens machen. —

Die Gypsdüngung, welche jetzt auch in dem benachbarten Mecklenburg immer mehr in Aufnahme zu kommen scheint, ist hier noch immer etwas beinahe völlig Unbekanntes. Wenn fast die Mehrzahl der europäischen Landwirthe den Gyps von der äußersten Wichtigkeit für den Gräser- und Kleewuchs hält: so sieht dagegen der Schleswig-Holsteiner ihn für die unbedeutendste Kleinigkeit an. — Nicht minder denkt er endlich noch immer nur sehr wenig an die vortheilhafteste Benutzung der Asche, als mineralische Düngung; hat insbesondere noch keinen Begriff davon, daß die Torfasche, als Ueberstreuungs-Material beim Klee, höchstwahrscheinlich eine starke düngende Kraft äußern dürfte. — —

Möge — das ist der Wunsch, welcher bei Vollendung dieses Abschnittes recht innig in mir rege wird — der Himmel doch geben, daß auch unsere Landwirthe recht bald allgemein davon überzeugt würden, wie sehr Noth es thue, eine größere Aufmerksamkeit wie bisher auf die Sammlung und Behandlung des Düngers zu wenden. Jeder Leser, welcher des wahrheitliebenden Verfassers Worten Glauben beimißt, wird mit ihm eingestehen müssen, daß es doch widrigenfalls immer mäßig um unsere Landwirthschaft aussehen dürfte; denn — eine nicht genug zu beherzigende Wahrheit enthält des trefflichen Bährens Aeußerung:

Ein Landwirth, welcher über die Dünger und ihre beste Kultur noch nicht im Reinen ist, gleicht einem Säemann, welcher an den Weg säet.

Neunter Abschnitt.

Verkoppelung des Landes.

Zu dem Eigenthümlichen der Schleswig-Holsteinischen Landwirthschaft gehören die lebendigen Feldbefriedigungen. Ueber ihre Vortheile und Nachtheile ist lange debattirt worden; letztere darzulegen haben sich insonderheit mehrere Ausländer bemüht.

Unser Landwirth hielt es mit der Empirie, und diese zeigte ihm, daß wir den Flor unserer Landwirthschaft zum größten Theile jener Einrichtung, welcher wir ein unabhängiges Feldsystem verdanken, beizumessen haben. Die höhere Kultur unserer Ländereien — die Urbarmachung von Sandsteppen und Haiden — beginnt mit der Einkoppelung. Sie besteht schon seit mehr als 300 Jahren, und ihre wohlthätigen mittelbaren und unmittelbaren Folgen sind stets gleich sichtbar und erfreulich.

Eben dieses hohe Alter unserer Befriedigungen trägt auch Schuld daran, daß Symetrie und Regelmäßigkeit bei ihrer Anlage oft so wenig berücksichtigt sind, und man sehr viele krumme und irregulaire Wälle antrifft. In ältern Zeiten hielt es noch schwerer, wie dermalen, die Grenzen der Landbesitze gehörig zu arrondiren; — natürliche Wiesen durchschnitt man ungern mit Gräben und Wällen; — man friedigte das Land am liebsten solchergestalt ein, daß eine und dieselbe Tränke bei zweien oder gar mehreren Koppeln zugleich benutzt werden konnte ꝛc. Diese und andere Gründe rechtfertigen zum Theil die unregelmäßige Gestaltung unserer Koppeln.

Man hat den Feldeinfassungen hauptsächlich zum Vorwurf gemacht, daß sie einen großen Landaufwand erheischten. Genaue Berechnungen haben indeß bewiesen, daß das ihnen gewidmete Areal eben so hoch, ja noch höher benutzt wird, als das dem Ackerbau und der Viehnutzung bestimmte; einer Seits, vermöge des Holzertrages, welcher davon gewonnen wird, andrer Seits vermittelst des wohlthätigen Einflusses der Befriedigungen auf den Fruchtbau, die Viehzucht und Nutzung. Nach des Herrn Martens Berechnung (s. dessen ausführliche und gründliche Schrift über die Schlesw.-Holst. Feldbefriedigungen, Kiel 1818) hat ein Hof von 1000 Tonnen in 10 Koppeln oder Schlägen den 63sten Theil seines Areals auf die lebendigen Feldeinfassungen, mithin 15 Tonnen 262 Quadratruthen dazu verwandt. Hiervon wird der zehnte Theil jährlich abgesetzt mit 476 Quadratruthen. Acht Quadratruthen geben 1 Fuder Buschholz; 476 Quadratruthen also 59½ Fuder, à Fuder 1 Thlr. 12 ßl., machen 74 Thlr. 18 ßl. Die 15 Tonnen 262 Quadratruthen, welche zu den Befriedigungen aufgewandt sind, liefern also jährlich einen Ertrag von 4 Thlr. 33 ßl. à Tonne. Hiervon die Landrente mit 4 Thlr., so gewährt der Holzertrag einen Ueberschuß von 33 ßl. auf die Tonne. Der Werth einer Tonne Landes, auf die Befriedigungen verwandt, verhält sich demnach zu dem einer Tonne Landes, dem Ackerbau und der Viehnutzung gewidmet, wie 93 Thlr. 36 ßl. zu 80 Thlr. Eine gleiche Berechnung für kleinere Landstellen beweiset, daß, obgleich die Befriedigungen dort verhältnißmäßig eine viel größere Fläche wegnehmen, als bei großen Höfen, dieselbe doch — unter übrigens gleichen Umständen — vermittelst der Holzgewinnung eben so hoch genutzet wird.

Außer dem Holzertrage leisten uns die Befriedigungen noch vornämlich dadurch Nutzen, daß sie die Beschädigungen der Saatfelder von Menschen und Vieh verhindern, und zur Milderung des an sich nicht sanften Klimas der Herzogthümer beitragen, und das Wachsthum der Vegetabilien und ihr Gedeihen befördern. Ueberdies äußern sie einen bedeutenden Einfluß auf das Gedeihen des Viehes, insonderheit des Rindviehes, das in den befriedigten Koppeln die gemächliche Ruhe, welche seine phlegmatische Natur bedarf, auf eine ihm äußerst vortheilhaft zusagende Weise findet. Die Knicken machen endlich bei kleinen Landstellen die Viehhirten ganz entbehrlich, und die Gräben derselben, welche den Aufwurf oder Wall bilden, dienen sehr oft zur Ableitung des Wassers aus Aeckern, Wiesen und Wegen, da sie dann einen zwiefachen Zweck erfüllen.

Man hat behauptet: daß unsere Einfassungen keine hinlänglich schützende Befriedigungen gewährten. Dies ist offenbar eine Unwahrheit. Langjährige Erfahrung hat unsern Landwirthen gelehrt, daß gute Befriedigungen von der Art, wie sie hier üblich sind, jeden Anfall des Viehes, welches auf den von ihnen eingeschlossenen Feldern geweidet wird, abwehren. — Der starke Schatten, welchen die Knicken weit umher auf das benachbarte Land werfen, soll einen großen Natural- und Pecunial-Verlust veranlassen. — Die Empirie zeigte dem

Schleswig-Holsteiner längst, daß die lebendigen Hecken dem Graswuchse keinesweges nachtheilig, vielmehr förderlich und günstig sind. Die Erhaltung und Vermehrung der Feuchtigkeit aber, welche durch die Knicke bewirkt werden, sind dem Fruchtbau nur dann schädlich, wenn der Boden ihrer, weil er ohnehin zu feucht und naß ist, und man ihn durch umsichtiges Graben nicht gehörig trocken gelegt hat, nicht bedarf. — Die Gegner der lebendigen Zäune werfen diesen endlich vor: daß sie durch Schwächung und Unterbrechung des Windes sehr große Nachtheile verursachen, indem sie die Befruchtung der Gewächse, das Schütteln und Rütteln derselben, das leichtere Aus- und Abtrocknen des Getreides verhinderten, Brand, Rost und Mehlthau verursachten rc. Wie grundlos diese Behauptungen, hat uns die Erfahrung längst bewiesen. Trefflich gewürdiget und zum Theil scharfsinnig widerlegt findet man sie in J. D. Martens Apologie der Feldbefriedigungen, und in C. F. Vollertsen Versuch einer Beurtheilung der critisch-didaktischen Würdigung der Schlesw.-Holst. Feldbefriedig., von N. A. Binge. Dieser Herr machte es sich vor einigen Jahren zum angelegentlichsten Geschäfte, gegen unsere Einfassungen zu Felde zu ziehen. Seine ohnmächtigen Bestrebungen haben der Mehrzahl nur ein mitleidiges Lächeln erweckt. Sie wußte nur zu gut, woran sie mit ihren Knicken war, und daß sie die Fesseln der Abhängigkeit von dem Feldsystem der Nachbaren, welche die holsteinischen Wirthschaften voreinst auf einer so niedrigen Stufe der Kultur festhielten, nicht ohne guten Grund abgeworfen. Jetzt kann ein jeder mit seinem Eigenthum schalten und walten, wie er Nutzen und Vergnügen findet, seine Kühe weiden, Korn säen, wo er will, seine Saatenfolge rc. ändern rc., alles nach seinem Gefallen. Selbst der Marschbauer, dem die Einfassungen fehlen, erkennt es, von welchem Werthe es für ihn sei, seine Ländereien zu mehreren für sich bestehenden einzelnen Ganzen zu machen; er durchschneidet dieselben deshalb mit breiten und tiefen Wassergräben, und theilt sie solchergestalt in verschiedene, dem Gesammtbesitze angemessene Schläge, die Fennen genannt werden. Selbst in Gegenden, wo man das Vieh tüdert, z. B. in Alsen, Sundewitt 2c., fehlen die Einfriedigungen nicht, um bei jenem im Herbste die Hirten entbehren zu können, wenn man es losgehen und Schutz suchen lassen will. Und wenn im Lande Oldenburg, diesem seiner Fruchtbarkeit wegen berühmten Theile Holsteins, und in den mittlern Haidegegenden unserer Landen die Knicken nur sparsam anzutreffen sind, oder ganz fehlen, so liegt das nicht daran, daß man dort gegen diese Befriedigungen eingenommen ist, sondern rührt bloß von der das Fortkommen der lebendigen Zäune so wenig begünstigenden Landes- und Bodenbeschaffenheit her. In Oldenburg verhindert ihr Gedeihen die freie, durch nichts geschützte Lage des Landes, welches häufigen starken, scharfen und zehrenden Seewinden ausgesetzt ist; auf dem Mittelrücken Schleswig-Holsteins verkümmern und verdorren die Pathen in dem trocknen Sande.

Man bepflanzt hier die Wälle am liebsten mit Haseln, Hagedorn und andern Dornarten, Hambuchen und Erlen; die Anpflanzung letzterer zieht man in feuchtem Grunde vor. Schlehen nimmt man nicht gern als Pathen, weil sie späterhin mit ihren Wurzeln zu sehr in den Acker hinein wuchern. —

Das Eigenthümliche unseres Wirthschaftssystems besteht darin, daß die zu einem Gute und Gehöfte gehörenden Ländereien in eine gewisse Anzahl, gewöhnlich 10, möglichst gleicher, mit Hecken und Gräben umgebenen Theile, welche man

Koppeln nennt, getheilt sind, wovon eine jede nach und nach aus der Weide unter den Pflug genommen wird, und jede derselben, nachdem sie ausgetragen hat, wieder in die Weide übergeht. Nach der verschiedenen Anzahl der Schläge, worauf mit den zu producirenden Früchten, auf eine dem Boden angemessene Weise, abgewechselt wird, nennt man die Wirthschaft eine 7, 8, 9, **10**, **11** schlägige Wirthschaft.

Die Anzahl und Größe der Schläge hängt von der üblichen Fruchtfolge, von der Figur und Lage des zu einem Hofe gehörenden und in Schlägen zu bewirthschaftenden Gesammtfeldes, endlich von dem natürlichen Reichthum des Bodens und der mindern oder stärkern Heuwindung ab. Gewinnt ein Landwirth, vermöge letzterer, so reichlichen Dünger, daß er alljährlich eine große Fläche damit überdüngen kann, so nimmt er gern eine kleine Anzahl Schläge von desto größerm Umfange; ist dahingegen sein Boden von mittelmäßiger Beschaffenheit, hat er nur spärlichen Heugewinn zu gewärtigen: dann zieht er es vor, mehrere und verhältnißmäßig kleinere Schläge, welche er auf einem Male durchzudüngen vermag, zu haben.

Auf vielen holsteinischen Gütern findet man die sogenannten Beischläge, welche aus kleinen, von den Hauptschlägen getrennten, Ackerstücken bestehen. Sie sind durch neue Urbarmachungen entstanden, und wurden, wo sie nicht ihre eigene Rotation hatten, den kleineren Hauptschlägen als Zugabe zugelegt. Die sogenannten Nebenschläge sind kleine Abtheilungen, welche ihren eigenen Umlauf halten. Sie gewähren in großen Wirthschaften manche Bequemlichkeit. Vornämlich kommen sie dann gut zu Statten, wenn sie, zur Weide ausliegend, mit Jungvieh, Füllen und überhaupt Vieh, welches man abgesondert von andern Vieharten zu halten wünscht, bejagt werden können. Auch sind sie zum Futterbau sehr anwendbar, und manche Frucht, welche nicht mit in die eigentliche Fruchtfolge aufgenommen, z. B. Kartoffeln, Erbsen, Flachs 2c., kann auf diesen Plätzen unbedenklich kultivirt werden.

Zehnter Abschnitt.

Feldbestellung im Allgemeinen.

Ackerbeete.

Die Ackerbeete im Schleswig-Holsteinischen sind sehr verschiedener Art. Man findet sie theils mehr, theils weniger aufgepflügt; theils schmal, theils breit, je nachdem die Beschaffenheit des Ackers für das eine oder das andere Verfahren entscheidet. Die hochaufgepflügten Stücke, wie man sie voreinst im mittlern Theile Schleswigs, in den Aemtern Sonderburg und Apenrade gewahr ward, sucht man allgemach gänzlich abzuschaffen. Gewiß auch haben sie mannigfachen Nachtheil; nicht allein wird bei ihnen mit der Zeit zu viele unfruchtbare Erde aus dem Grunde und an die Seiten der Beete gebracht, der gehörige Abzug des Wassers bei feuchter Witterung verhindert, ungleichmäßiger Wachsthum des Getreides herbeigeführt, und die Beackerung erschwert: sondern es kann auch ein wirksames Querpflügen und Eggen gar nicht vorgenommen werden, und das Säen und Einernten hat gleichfalls große Schwierigkeiten. Unsere umsichtsvollern Landwirthe streben dahin, ihren Aeckern eine mäßig flache, von der Mitte nach den Seiten hin sanft abfallende

Rundung zu geben, und bestimmen ihre Breite nach der Feuchtigkeit des Bodens. Auf unsern Sandfeldern findet man daher in der Regel bedeutend breitere Stücke, als auf der fettern Geest; doch hat man sie auch hier selten so schmal, daß dadurch ein wirksames Rundeggen erschwert werden dürfte. Beete von 28 bis 30 Fuß Breite sind wohl auf den hiesigen Hoffeldern als die schmalsten anzusehen. Zur Sommersaat pflügt man die Aecker bald auseinander, bald zusammen; beim Winterkorn hingegen wirft man das Land beständig zusammen, und der umsichtige Landwirth thut dieses auch dann, wenn er eine Koppel zur Gräsung niederlegt, indem widrigenfalls der gehörige Abzug des Wassers versperrt werden würde.

Das Pflügen.

In der neuern Zeit hat man, zur Ehre unserer Landwirthschaft sei es gesagt, auf dieses so wichtige Geschäft eine immer größere Aufmerksamkeit verwendet, indem man von Zeit zu Zeit deutlicher einsehen lernte, wieviel von einem gehörig beschafften Pflügen abhängt, und wie sehr es auf das mehr oder minder gute Gedeihen der Feldfrüchte nachwirke. Verschieden sind übrigens noch die Ansichten und Meinungen von den mancherlei Verfahrungsarten bei der hier besprochenen Arbeit, und nicht selten beantwortet man sich die Fragen: wann, wie tief oder flach, wie oft man pflügen müsse, auf einer sehr von einander abweichenden Weise. Bekanntlich ist unser Boden durchgehends von sehr verschiedener Beschaffenheit, und so finden auch natürlich in Ansehung der Pflugarbeit mancherlei Modificationen Statt. Wir würden zu weit gehen, wenn wir uns hierüber ausführlich verbreiten wollten; nur die Darstellung dessen, welches von den hiesigen

Praktikern allgemein als gut und bewährt anerkannt, und von der Mehrzahl befolgt wird, soll hier vornämlich eine Stelle finden.

Das Pflügen hat hauptsächlich einen dreifachen Zweck. Wir pflügen

1) um die Grasnarbe, Stoppeln, Mergel und Dünger unterzubringen, und diese Pflugart wird hier durch Brechen oder Falgen (Felgen) bezeichnet, und ist das, was die Römer praescindere nannten. Kein einigermaßen nachdenkender Wirth gestattet es, daß die erste Fahre tiefer gegeben werde, als eben nöthig ist, um den Rasen abzuschälen, und die Stoffe, welche dem Boden Fruchtbarkeit mittheilen sollen, mit der Ackerkrume zu vermischen. Allgemein wird das Land beim ersten Pflügen auseinander gepflügt.

2) Um den Acker mürbe zu machen, und die innige Vermischung des Mergels und Düngers mit der Ackerkrume zu bewirken (vertere). Hierbei strebt unser Landwirth dahin, lose Erde heraufzubringen. Je rauher er die Oberfläche des Bodens zu machen sucht, desto eher erreicht er seinen Zweck, die Soden zu zertheilen, und die Erde aus verschiedenen Tiefen unter einander zu mischen. Einige hiesige Oekonomen haben daher das Querpflügen angewandt. Es ist nicht zu leugnen, daß dieses eine ermüdende Arbeit ist, indem die Furchen oft durch den Pflug zusammengeschoben werden, ehe sie sich durchschneiden lassen, diesen daher in die Höhe heben, und von Seiten des Pflügers unablässige Aufmerksamkeit erforderlich wird, damit der Pflug nicht zu viel überhin gleite. Auch hat dieses Pflügen über Kreuz die Unannehmlichkeit, daß die etwa vorhandenen Braachgräben sämmtlich zugefüllt werden. Dennoch ist der Nutzen desselben unwidersprechlich. Nichts zerstört wirksamer die Quecken und die Grasnarbe,

und trägt mehr zur innigen Verbindung des Mergels mit der Ackerkrume bei, indem den Eggen auf einem, nach gewöhnlicher Weise gepflügten Acker, nie ein solcher paßlicher Spielraum dargeboten werden kann, als auf quergepflügtem Lande. Wir können also nur wünschen, daß das Querpflügen hier allgemeiner werde.

3) Um dem aufzusäenden Korne eine rauhe Oberfläche darzubieten. Diese Furche wird so tief gegeben, als die Akkerkrume durch das vorhergegangene Pflügen aufgelockert ist. Zugleich sucht man bei diesem Pflügen alle Balken und breite Fahren besonders zu vermeiden. Sind die Pflugstreifen gehörig abgetrocknet, so läßt man in der Regel die Eggen einmal in der Länge überhin ziehen, um eine ebene Oberfläche für die Saat zu erhalten. Leider bedient man sich auch hier noch nirgends zur Saatfahre des Hakens. —

Nur an sehr wenigen Orten im Schleswig-Holsteinischen habe ich die Methode des sogenannten Halbpflügens oder Bälkens anwenden sehen. Ich glaube im Grunde auch nicht, daß das Ritzen so große Vortheile zu Wege bringe, als Manche ihm zuschreiben wollen, und bin Thaer's Meinung: ein gehöriges Kreuzpflügen werde leichtlich einen bessern Erfolg haben.

Auf unsern Gütern führt in der Regel der Feldvogt die Aufsicht über die Pflüger, und muß, da er zugleich derjenige ist, welcher die richtige Stellung der Pflüge wahrnehmen soll, für jedes Versehen haften. Selten nimmt man mehrere Pflüge auf ein Gewende, sondern hält gewöhnlich dafür, daß dieses leicht Unordnung herbeiführe, und in der Arbeit störe. Ueberdies ist man der Meinung, daß bei solcher Zusammenstellung der Pflüger ein ganz regelmäßiges Pflügen erschwert

werde,

werde, und man oft außer Stand gesetzt wird, geschehene Nachlässigkeiten an ihren Urheber zu ahnen.

Leider! wird hier nur zu oft darin gefehlt, daß man den gehörigen Abtrocknungszustand des Bodens beim Pflügen nicht wahrnimmt, sich dadurch das ganze Beackerungsgeschäft erschwert, das Vertilgen der Saamen- und Wurzelunkräuter, der Quecken verhindert, und seinem Zugvieh unnöthiger Weise viel mehrere Arbeit macht. Gar manche glauben noch immer, wenn dieser oder jener Kalendertag erschienen, dürften sie, in welchem Feuchtigkeitsgrade sich denn auch ihr Land befindet, nicht länger mit dem Auszug der Pflüger zögern. Auch bei uns erkennt man dagegen die wahrhaften Praktiker und nicht mechanischen Wirthschafter leichtlich daran, daß er beim Anrücken und während der Pflugzeit auf das, was der Engländer mit Tid bezeichnet, unablässig bei seinem Boden die Aufmerksamkeit richtet, um solchergestalt in den Stand gesetzt zu werden, um Erhebliches besser, und dennoch mit minderem Kraftaufwande seine Äcker locker und mürbe zu bekommen, wie diejenigen, welchen der Kalender zur Richtschnur ihres Verfahrens dient.

Das Eggen.

Es wird hier vornämlich auf dreierlei Weise geeggt: in die Länge (langziehen), ins Kreuz (querziehen), und in die Runde (rundeggen).

Mit der sogenannten Bothe zieht man, ihrer Größe und Schwere halber, den Acker nur in die Länge über. Auch bringet dieses in der Regel schon den gewünschten Erfolg, die sodigen Furchen in Stücke zu zertheilen, hinlänglich hervor. Glaubt man indeß seinen Zweck noch nicht genügend erreicht, so macht man wohl noch Gebrauch von dem Querziehen.

Das Eggen in die Länge wendet man auch zum sogenannten Abschlichten der Aecker, gleich wie zur Ebnung der Landesoberfläche vor'm Säen, und beim Einbringen leichter Saat, als Klee, Raps rc., an. Nachdem ein Stück Land gebothet, und überhaupt immer dann, wenn ein Acker zwar mürbe genug, um zur Zerkleinerung seiner Krume Anwendung von der Brachegge machen zu dürfen, aber doch nicht von solcher Beschaffenheit ist, daß das Eggen in die Länge hinreichend befunden wird, findet das Rundeggen, entweder mit hölzernen oder mit eisernen Eggen, Statt. Es wäre unnütz, hier eine Beschreibung von dieser Operation zu geben, da sie gewiß meinen Lesern zur Genüge bekannt seyn wird; diejenigen aber, welche vielleicht keinen ganz klaren Begriff davon haben, dieselbe in ältern landwirthschaftlichen Schriften vielfältig beschrieben und versinnlichet finden werden *). Zwar erkennen auch unsere Landwirthe es an, daß das Rundeggen eine langsame und kostbare Arbeit sei, die viel Pferdefleisch kostet; aber Erfahrung hat sie gleichfalls gelehrt, wie man dadurch Wirkungen hervorbringe, welche durch Lang- und Querziehen durchaus nicht zu erreichen wären. Nur die Bauern sind noch hier und da bei den letztern und älteren Methoden verblieben, und zur alleinigen Befolgung dieser zwingt oft auch in den Marschen eiserne Nothwendigkeit.

Dem Eggen wird hier im Durchschnitte viele Aufmerksamkeit gewidmet. Durch stärkere Haferfutterung sucht man die Kräfte, deren die Pferde bei dieser anstrengenden Arbeit verlustig gehen, soviel möglich wieder zu ersetzen. Der Schleswig-Holsteiner sucht seinen Acker immer dann zu eggen,

---

*) Siehe Buchwald's ökonomisch-statistische Reise durch Mecklenburg rc.; ferner Thaer's Grundsätze Bd. 3.

wenn er in einem solchen Zustande ist, daß durch das Eggen der Boden weder gebundener und geballter als vordem, noch überhaupt hartnäckiger zur Beackerung werde, sondern man dadurch gerade die leichte Zertheilung der Erdklöße, Zeit und Arbeit ersparend, am zweckmäßigsten beschafft.

Gräben und Wasserfurchen.

Der Holsteiner gräbt durchgehends sein Land viel besser ab, als der Schleswiger. Hier schwimmt — insbesondere wird solches auf den Falgen sichtbar — das Land oft im Wasser. Was indeß unsere rationellen Landwirthe in Gesammtheit betrifft, so sehen auch sie die Nothwendigkeit einer gehörigen Entwässerung, sowohl der Fruchttragenden, als zur Gräsung liegenden Aecker, sehr wohl ein. Die Brachkoppel strebt man in der Regel schon im Herbste mit den darauf erforderlichen Brachgräben zu durchziehen, oder sucht diese, gleichwie die Hauptcanäle (deren Oeffnung, beiläufig gesagt, von dem denkenden Oekonom immer zuerst und vor allen andern beschafft wird), wenn die Umstände das Herbstgraben nicht gestatten, wenigstens so früh als möglich im Frühjahre zu verfertigen. Das Säumen mit dem Abgraben des Landes kann, Erfahrung lehrt's, oft theuer zu stehen kommen, und zu großem Aergerniß Anlaß geben. Hier, wo bis Johannis und oft noch lange nachher ununterbrochene Dürre herrscht, hat's wenigstens mitunter wohl der Beispiele gegeben, daß die immer zunehmende Erhärtung eines ziemlich compakten Bodens dem Landmanne das Sommergraben völlig verbot, und dieser sich genöthiget sah, dem Lande die frühe Saat, z. B. Raps, nur sehr mangelhaft abgewässert zu übergeben. — Die Breite und Tiefe unserer Braachgräben werden vornämlich bedingt von dem mehr oder minder starken Feuchtigkeitsgrad des in Arbeit habenden Bodens; jene differirt von $1\frac{3}{4}$ bis 2 und 3 Fuß, und diese von 1 bis 2 Fuß. Bei der Tiefe, welche der Schleswig-Holsteiner seinen Gräben giebt, nimmt er überdies noch vornämlich Rücksicht auf die Beschaffenheit des Untergrundes. Um so schlechter dieser ist, um so weniger sucht er davon aufzubringen, richtet sich aber bei Vertheilung der schlechten Erde auch nach der Breite der Aecker. Solcherweise zu graben, daß das Wasser überall gehörigen Fluß bekomme, strebt man leider! besonders im Schleswigschen, nicht allenthalben; auch werden die Spadgräben (Spadrinnen, Stichgräben) oft nur sehr mangelhaft und saumselig gezogen. Und doch sollen sie meist so viele Feuchtigkeit, welche durch die größern Wasserleitungen nicht abgeführt werden kann, und sich sonst durch die Aecker zieht und nachtheilig in die Krume verbreitet, wegnehmen und in jene führen. — Es versteht sich, daß nach jedesmaliger Beackerung des Landes Hauptcanäle und Braachgräben wieder von der hineingefallenen Erde sorgfältig gereinigt werden, bis die Saat eingebracht ist, und man mit dem Ziehen der Wasserfurchen beginnt. Die Kunst, Wasserfurchen anzulegen, ist hier Stellenweise auch noch nicht weit gediehen. Entweder findet auf vielen Feldern ein sehr fühlbarer Mangel daran Statt, oder aber ist beim Ziehen der Furchen auf den natürlichen Lauf des Wassers von bedachtlosen Landwirthen gar zu wenig Rücksicht genommen.

Das Steinesammeln und Abputzen des Ackers.

Das Reinigen der Aecker von Steinen wird allgemach gebräuchlicher. Der gute Wirth läßt sie nach jedesmaliger Beackerung vom Lande suchen und fahren. Wenn die Saat eingebracht worden, schickt er zum letzten Male Kinder auf die

Koppel, alle hervorragenden Steine, welche späterhin bei der Mahd den Sensen Schaden bringen könnten, abzunehmen. Sie werden an die Seiten der Beete in schmale, hohe Haufen gesetzt, und sodann im künftigen Herbste weggeschafft. Derjenige, welcher recht mit Leib und Seele Ackersmann ist, sucht auch wohl hier seine Freude darin, seine Aecker einem Garten ähnlich zu machen; und so findet man es auf unsern Gütern nicht selten, daß das Saatfeld sorgfältig abgeputzt, d. h. die etwa zurückgebliebenen kleineren Soden, Queckennester rc. von der Oberfläche gesammelt und abgeharkt worden. Daß aber gleichfalls in dieser Hinsicht viele Ausnahmen Statt finden, ist nach dem Gesagten schon Selbstverstand.

Das Walzen.

Das Walzen der Saaten wird immer allgemeiner; selbst bei den Bauern ist es schon viel in Gebrauch. Das Walzen, Behuf der Zerkleinerung von beim Eggen unzermalmt gebliebenen Erdklößen, geschieht hier am wenigsten; doch wird im Holsteinischen, wie schon erwähnt, die Stachelwalze zum Zertrümmern von Mergelklößen angewandt. Viel häufiger und am meisten walzt man, um den Boden dadurch fester und gebundener zu machen, damit sich die Feuchtigkeit darin länger erhalte, und es geht diese Operation bei fast allen Sommersaaten, ausgenommen Buchweitzen, von Statten, wodurch man sich denn überdies noch, vermöge des völlig geebneten Ackers, die künftige Ernte sehr erleichtert. Seltener wird das Sommerkorn gewalzt, wenn es schon völlig aufgegangen und einige Höhe erreicht hat. Ueberhaupt scheint man den vielseitigen Nutzen, welchen die Walze gewährt, noch nicht im ganzen Umfange zu kennen; sonst würde man sie wohl auch bei Wintersaaten zur Befestigung ihrer im Winter gelösten

Wurzeln, oder um diese noch stärker mit der Erde in Berührung zu setzen, gebrauchen; auch sich ihrer mitunter zur Vertilgung gewisser Insekten, wozu sie Erfahrung uns längst als wohlthätig erprobt, bedienen. — Man walzt nur dann, wenn das Land gehörig abgetrocknet ist, weil sonst auf jedem Boden, sei er, welcher Art er wolle, nur mehr Schaden als Vortheil davon zu erwarten steht.

Saamen.

Hinsichtlich der Besaamung bleibt vieles zu wünschen übrig. Nur wenige Wirthe sind bei der Wahl des Saatkorns so behutsam, und gehen so vorsichtig dabei zu Werke, wie sie es billig sollten. Man ist übrigens nicht abgeneigt, mit dem Saamen zu wechseln; die nördlichen Einwohner Schleswigs beziehen viel Saatkorn von Angeln, die südlichen Bewohner aus der Probstei. Daß dabei indeß vieler Betrug Statt findet, wird nicht Wunder nehmen. Am berühmtesten ist das Oldenburger und Hasselburger Saatkorn. In den Marschen liebt man auch die Nordstrander Saat, welche ursprünglich holländischer Art ist. Vom Nordstrander Weitzen giebt es zwei Arten, eine mit und die andere ohne Grannen. In der Regel erhält man sie gemischt. Dieser Weitzen wächst weit niedriger als der Probsteier, und eine Lagerung ist bei ihm nicht so leicht zu befürchten; seine Ausdrusch ist aber mühsamer. — Im Allgemeinen nimmt man hier an, daß die Wanderungen des Saatkorns von Süden nach Norden erfolgreicher sind, als umgekehrt. Erfahrung lehrte uns, die zweite Ernte nach dem Wechsel gewöhnlich als die Ertragsreichste anzusehen. — Wird auf den Gütern selbstgeernteter Rocken und Weitzen wieder zur Saat bestimmt, so drescht man denselben meist unmittelbar nach und von der neuen

Ernte. In wiefern, unsrer Ansicht nach, dieses Verfahren dazu beiträgt, den Brand und andere Krankheiten in unsern Saaten zu befördern, darüber werden wir uns noch in der Folge aussprechen.

Die Reinigung des Saatkorns geschieht auf unsern Gütern nicht allein vermöge Werfens und der Kornfege, sondern man läßt den Saamen auch noch zuletzt über den sogenannten Weher (Weiher) laufen, um nur die vollkommensten und gesundesten Körner zurückzubehalten, und alles Unreine davon zu sondern. Dennoch läßt sich noch häufig, besonders bei unsern kleineren Landwirthen, Klage über unreines Saatkorn führen, gleichwie man sich beim Empfange von Saatkorn aus entlegener Gegend nur selten die Mühe giebt, dasselbe sorgfältig zu untersuchen.

Das Einquellen der Saat ist hier nicht gebräuchlich. Die Präservativmittel gegen Krankheiten mehrerer Getreidesorten anbetreffend: so wird von deren Anwendung gleichfalls noch späterhin die Rede sein.

Das Säen.

Unsere rationellen Landwirthe stimmen darin überein, daß sie annehmen, ein fetter und dungreicher Boden könne sich mit einer schwächern Aussaat, als ein ärmerer behelfen. Zu dem Mehr oder Weniger der Aussaat lassen sie sich übrigens noch durch gar manche anderweitige Gründe bestimmen. Sie ziehen in Betracht: die Geschicklichkeit des Säens, die frühe oder späte Aussaat (je früher die Einsaat, desto geringer die Quantität, je später, um so stärker — ist hier allgemeine Regel), die größere oder geringere Klarheit des Ackers, die günstige oder ungünstige Witterung ꝛc. — Wer bei uns das Rechte mit der Quantität der Einsaat nicht trifft, fehlt ge=

wöhnlich darin, daß er dieselbe zu sehr verstärkt; selten findet der entgegengesetzte Fehler Statt.

Säemaschinen sind hier gar nicht gebräuchlich; man zweifelt allgemein, daß es dem menschlichen Erfindungsgeiste gelingen dürfte, ein Instrument zu erschaffen, welches nicht allein den Auswurf der Saat eben so gut, wie die Hand eines geschickten Säers, sondern welches auch das Säegeschäft mit nicht höherm Zeit- und Kostenaufwande verrichten würde.

Das Säen vertraut man hier nur erprobten Leuten an. Gemeiniglich ist dies Geschäft dem Feldvogt auf den Höfen übertragen. Auf großen Koppeln findet man zwar oft mehrere Säer angestellt; es ist dann aber doch in der Regel jedem seine eigene Fläche angewiesen, da das Nebeneinandergehen derselben leichtlich Versehen herbeiführen kann.

Kolibri 360 GmbH
Ferdinand-Jühlke-Straße 7
99095 Erfurt, Deutschland
produktsicherheit@kolibri360.de